CADMOS
REITERPRAXIS

Arthrose
bei Pferden

CADMOS
REITERPRAXIS

Lesen
Lernen
Wissen

Dr. Birgit Janßen

Arthrose bei Pferden

Vorbeugen – Erkennen – Behandeln

**Meinen lieben Eltern
Hilde und Werner gewidmet.**

Impressum

Copyright © 2008 by Cadmos Verlag GmbH, Brunsbek
Gestaltung: Ravenstein + Partner, Verden
Satz: Grafikdesign Weber, Bremen
Titelfoto: Dr. Jochen Becker
Fotos: Dr. Jochen Becker, Anneke Bosse, Dr. Birgit Janßen,
Heike Höpner, Christiane Slawik
Zeichnungen: Julia Denmann, Maria Mähler
Lektorat: Anneke Bosse
Druck: agensketterl Druckerei, Mauerbach
Alle Rechte vorbehalten.

Abdruck oder Speicherung in elektronischen Medien nur nach
vorheriger schriftlicher Genehmigung durch den Verlag.

Printed in Austria

ISBN 978-3-86127-566-4

Inhalt

Einleitung 7

Form und Funktion von Gelenken 8
Wie sieht ein gesundes Gelenk aus? 9
Was heißt „Arthrose" überhaupt? 11
Welche Gelenke erkranken am häufigsten? 13
Welche Pferde sind besonders betroffen? 15
Gibt es eine erbliche Veranlagung? 16

Vielfältige Symptome 18
Es beginnt mit einer Arthritis 19
Wie entwickelt sich eine Arthrose? 21
Typische Krankheitszeichen 25

Diagnostische Möglichkeiten des Tierarztes 29
Allgemeine Lahmheitsuntersuchung 29
Spezielle Untersuchungen 32
   Diagnostische Anästhesie 32
   Röntgen 34
   Ultraschall (Sonografie) 35
   Wärmebilddiagnostik 36
   Szintigrafie 36
   Magnetresonanztomografie (MRT) und Computertomografie (CT) 37
   Gelenkspiegelung (Arthroskopie) 37
   Auswertung 39

Medizinische Behandlungsansätze 40
Erstbehandlung 41
Einsatz von Arzneimitteln 42
   Entzündungshemmer 42
   Hyaluronsäure 43

Physikalische Therapien 44
   Wärme- und Kältebehandlungen 44
   Magnetfeldtherapie, Laserlichtbehandlung 45
   Behandlung mit Röntgenstrahlen 45
   Stoßwellentherapie 46
Biotechnologische Verfahren 46
Chirurgische Therapien 47
   Gelenkspiegelung (Arthroskopie) 47
   Auskratzen von Zysten (Kürettage) 48
   Chirurgische Therapien an Sehnen und Bändern 48
   Versteifung von Gelenken (Arthrodese) 48
   Nervenschnitt (Neurektomie) 49

Inhalt

(Foto: Höpner)

Orthopädischer Hufbeschlag 49
Ergänzungsfuttermittel 50
    Glykosaminoglykane 50
    Ungesättigte Fettsäuren 51
    Radikalenfänger 52
    Schwefel 53
    Pflanzliche Mittel 53
    Mineralstoffe und Vitamine 53

Ganzheitliche und alternative Heilverfahren 55
    Homöopathie 56
    Akupunktur, Akupressur 56
    Physiotherapie 57
        Chiropraktik, Osteopathie 58
        Kinesiotherapie (Bewegungstherapie) 58
        Shiatsu 59

Der Umgang mit dem arthrosekranken Pferd 60
    Ernährung 61
    Haltungsbedingungen 61
    Training 63
    Physiotherapie 65

Möglichkeiten der Vorbeugung 66
    Zuchtauswahl 67
    Haltung, Fütterung und Aufzucht 68
    Korrektur von Fehlstellungen 70
    Ausrüstung 71
    Trainingsaufbau 74

Anhang 78
    Literaturtipps 78
    Register 79

Einleitung

Was bewegt einen Menschen dazu, dieses Buch in die Hand zu nehmen? Ist es die tief empfundene Liebe zu einem ganz besonderen, einzigartigen Pferd oder Pony, für das man die Verantwortung trägt? Vielleicht ist es schon älter oder wirklich alt und man hofft, seine körperliche und seelische Verfassung zu erhalten oder sogar wieder zu verbessern. Mit großer Wahrscheinlichkeit wird der Vierbeiner des Lesers dieses Buches bereits von Störungen in seiner Gelenkgesundheit betroffen sein und der Besitzer sucht nach Informationen, Rat und Hilfe.

Das Thema Arthrose bei Pferden ist erstaunlich vielseitig und umfasst viele Aspekte aus dem gesamten Leben eines Pferdes. Die Vorbeugung beginnt eigentlich schon mit der Zuchtauswahl, der Ernährung der Stute vor der Geburt und während der Säugeperiode. Auch die Lebensbedingungen und die Ernährung des Jungpferdes haben einen wichtigen Einfluss darauf, wie die Gelenke sich entwickeln und wie belastungsfähig sie ein Pferdeleben lang bleiben. Entscheidende Faktoren sind der Zeitpunkt des Anreitens sowie die Art und Weise der (meist reiterlichen) Nutzung durch den Menschen. Mit zunehmendem Alter, abhängig von der Gelenks- und Allgemeingesundheit des Pferdes, treten Umstände ein, die eine tierärztliche Hilfe erforderlich machen können.

Zum Verständnis der Krankheitszustände an diesen besonderen Strukturen des Körpers, den Gelenken, ist es sinnvoll, sich zunächst mit dem gesunden Gelenk vertraut zu machen. Deshalb ist diesen Grundlagen der erste Themenbereich des Buches gewidmet. Was im Krankheitsfall geschieht, ist daran anschließend geschildert, bevor die Möglichkeiten der tierärztlichen Diagnostik und Therapie aufgeführt und erläutert werden. Viele Fachbegriffe und lateinische Namen finden leicht verständliche Erklärungen, die dabei helfen, die Vorgehensweise des Tierarztes besser nachvollziehen zu können. Auch die ganzheitlichen und alternativen Therapieverfahren werden angesprochen.

Weil sie gerade bei der Arthrose so wichtig sind, wurde den praktischen Hilfestellungen des Pferdehalters viel Platz gewidmet: Der richtige Umgang mit dem arthrosekranken Pferd kann den Verlauf der Erkrankung ganz wesentlich beeinflussen und dem Pferd trotz der vorhandenen Veränderungen in den Gelenken noch ein schönes Leben ermöglichen.

Abschließend geht es um die Möglichkeiten der Vorbeugung. Beherzigt man ein paar grundlegende Punkte bei Haltung, Umgang und Training, lässt sich in allen Lebensstadien des Pferdes viel dazu beitragen, dass eine Arthrose gar nicht erst entsteht.

Ich hoffe, allen Lesern viele Informationen, praktische Anregungen und Tipps zu bieten und vor allem im ganz alltäglichen Umgang mit dem Pferd zum Nachdenken und bewussten Handeln anzuregen.

(Foto: Slawik)

Form und Funktion von Gelenken

Um das Krankheitsbild Arthrose zu verstehen, ist es zunächst wichtig zu wissen, wie ein gesundes Gelenk aussieht, wie es aufgebaut ist, wie es funktioniert und welche Stoffwechselvorgänge dort ablaufen.

Natürlich möchte man möglichst schnell erfahren, was dem betroffenen Pferd konkret hilft – doch ohne Grundlagenwissen kann es kein Verständnis des Krankheitsfalls geben.

Form und Funktion von Gelenken

Wie sieht ein gesundes Gelenk aus?

Ein Gelenk stellt die bewegliche Verbindung zwischen mindestens zwei Knochen dar. Die Knochen werden durch straffe Bänder aus Bindegewebe seitlich oder auch innerhalb des Gelenks in Position gehalten. Die unmittelbaren Kontaktflächen der Knochen sind von Knorpel überzogen. Die verknorpelten Gelenkflächen werden rundum durch die aus feinem, elastischem Bindegewebe bestehende Gelenkkapsel begrenzt, die also ebenso wie die straffen Bänder vom einen zum anderen Knochen zieht. Die Gelenkkapsel teilt sich in zwei Schichten:

Das Skelett des Pferdes: Gliedmaßen und Wirbelsäule sind von zahlreichen unterschiedlichen Gelenkstrukturen geprägt.
(Zeichnung: Denmann)

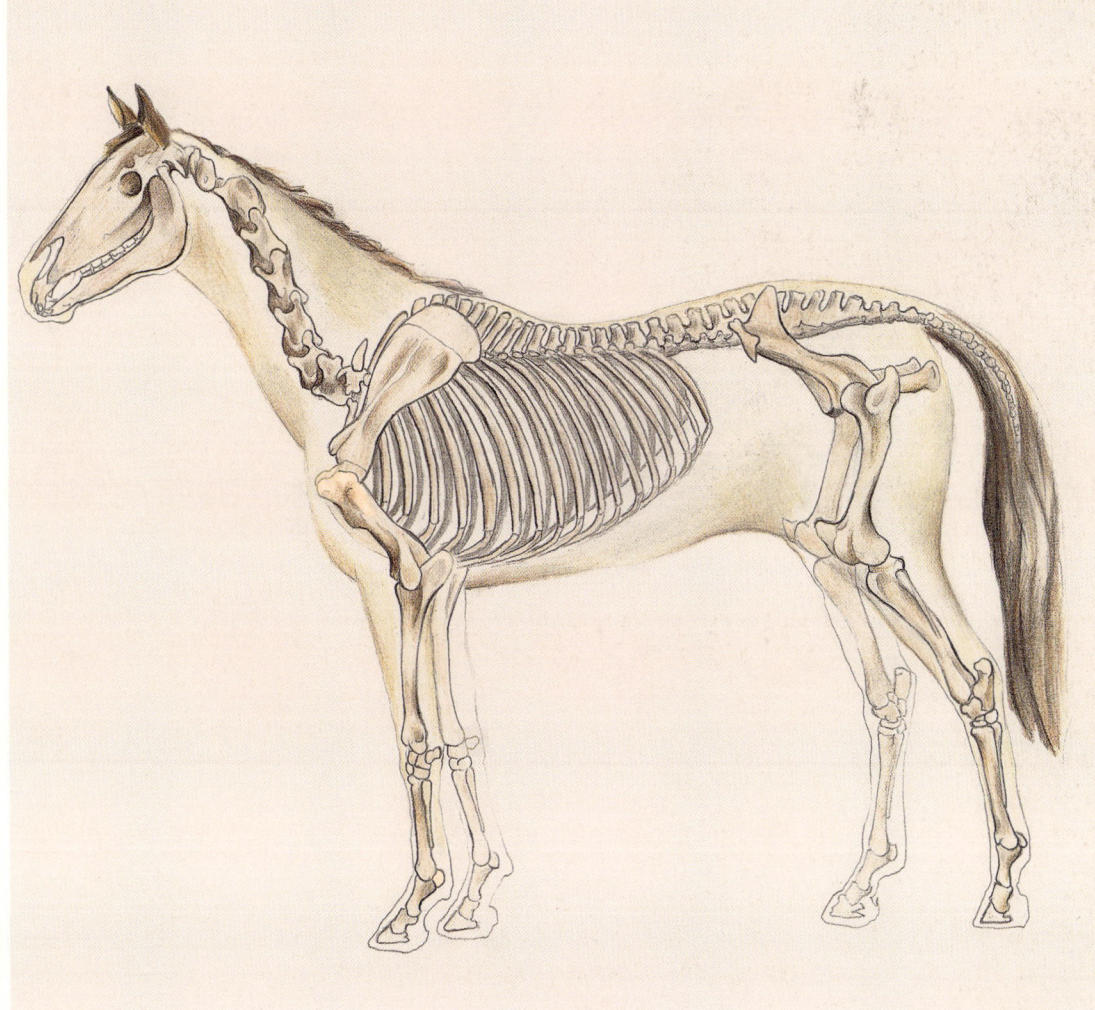

Arthrose bei Pferden | 9

Form und Funktion von Gelenken

eine außen liegende Bindegewebsschicht (Stratum fibrosum) und eine innen liegende, sehr stoffwechselaktive Zellschicht, die aus den sogenannten Synovialzellen besteht (Stratum synoviale).

Die Gelenkkapsel bildet einen kleinen Hohlraum, der mit Gelenkflüssigkeit gefüllt ist. Diese Flüssigkeit ist ein ganz besonderes Kunstwerk der Natur. Besonders ihr wichtigster Bestandteil, die von

Schematischer Aufbau eines Gelenks im gesunden Zustand (links) und mit Arthrose (rechts).

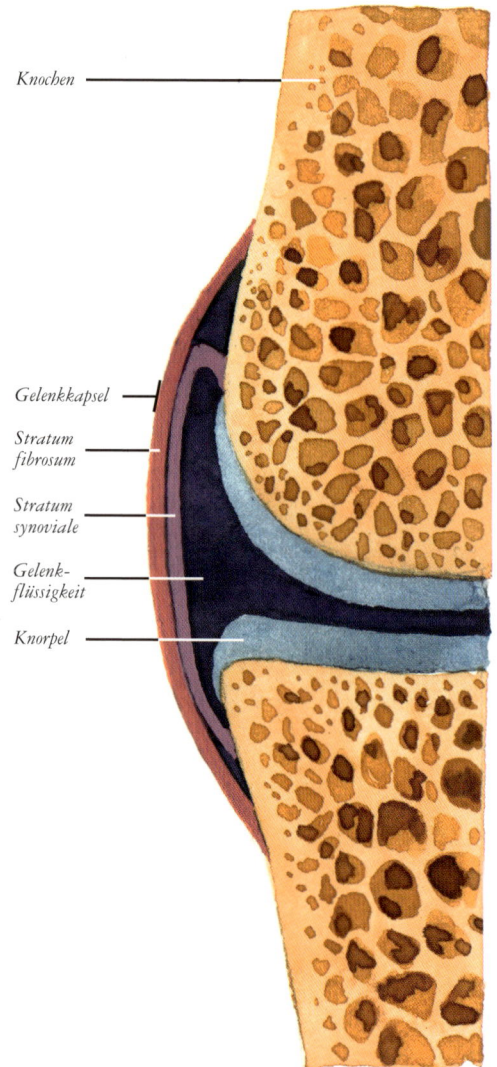
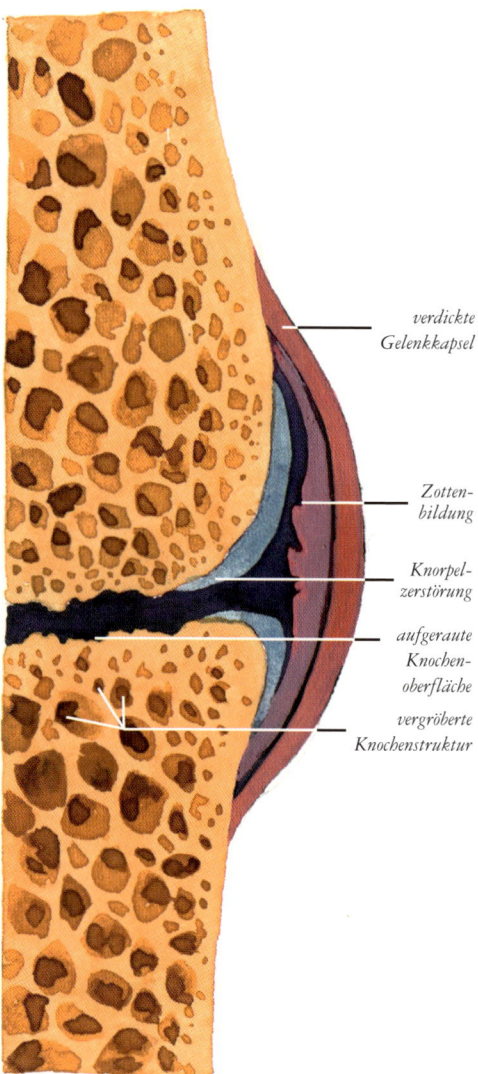

Knochen

Gelenkkapsel
Stratum fibrosum
Stratum synoviale
Gelenkflüssigkeit
Knorpel

verdickte Gelenkkapsel
Zottenbildung
Knorpelzerstörung
aufgeraute Knochenoberfläche
vergröberte Knochenstruktur

(Zeichnung: Mähler)

Form und Funktion von Gelenken

den Synovialzellen abgegebene Hyaluronsäure, erfüllt mehrere Aufgaben. Unter Druck verfestigt sie sich unmittelbar und wird deshalb nicht aus dem schmalen Gelenkspalt gepresst, wenn das Gelenk Last aufnimmt. Dadurch unterstützt sie die puffernde Wirkung des Knorpels und wirkt gleichzeitig als Schmiermittel, indem sie sich wieder verflüssigt, sobald der Druck wieder nachlässt. Zudem wirkt sie als Nährlösung für die Knorpelschicht, die nicht durchblutet ist und nur durch die Gelenkflüssigkeit und vom darunter liegenden Knochen aus ernährt werden kann. Ebenso müssen alle Aufgaben der Infektionsabwehr und Reparaturmaßnahmen über die Gelenkflüssigkeit erfolgen. Die Gelenkflüssigkeit selbst wird von Zellen der Innenwand der Gelenkkapsel produziert. Eine unmittelbare Blutversorgung der Innenflächen von Gelenken ist ausgeschlossen, da die dort frei werdenden Kräfte zum sofortigen Platzen der Blutgefäße führen würden.

Sogenannte inkongruente Gelenke, bei denen die Gelenkflächen nicht genau aufeinanderpassen (zum Beispiel das Kniegelenk), besitzen mittig Knorpelscheiben (Menisken), welche die Knochenenden zusätzlich gegeneinander abpolstern.

Die Gelenke sind zumeist von Sehnen, Sehnenansätzen mit polsternden Schleimbeuteln und Muskulatur umgeben, welche für ihre jeweilige Funktion sorgen. Je nach Lage des Gelenks kann es sich um sehr straffe Gelenke handeln, wie zum Beispiel im Bereich der Brustwirbelsäule, oder um beweglichere, wie etwa in der Halswirbelsäule. Die straffen Bänder am Gelenk dienen als seitliche Führung und zur Begrenzung der Beweglichkeit, um Schäden am Gelenk zu verhindern. In zwei Gelenken, dem Vorderfußwurzelgelenk und dem Sprunggelenk, sind mehrere kleine Knochen in Etagen angeordnet und durch Bänder sehr straff miteinander verbunden. In den Gliedmaßen ermöglicht die Gesamtheit der Gelenke den entspannten Stand sowie den geordneten Bewegungsablauf.

Was heißt „Arthrose" überhaupt?

Arthrose ist der Fachbegriff für eine chronische, schmerzhafte, zunehmend funktionsbehindernde Gelenkveränderung.

Diese chronischen Veränderungen können in allen Teilen des Gelenks bestehen: Die Knorpelflächen sind abgeschliffen oder abgesprengt (Chip-Bildung), die Gelenkkapsel ist vergrößert und verdickt, ihre Innenseite ist mit dicken Zotten aus Bindegewebe bewachsen, um die fehlende Polsterwirkung der Gelenkflüssigkeit auszugleichen.

Aufgrund der fortdauernden Reizung durch die fehlende Knorpelpufferung kann es zunächst zur Entzündung, später zu Auflösungserscheinungen in den unter dem Knorpel liegenden Knochen kommen; der Mediziner spricht von Sklerosierung des Knochens („Osteosklerose"). Auch können dort Zystoide (kleine Hohlräume) in der Knochensubstanz entstehen, welche die Tragfähigkeit des Knochens verringern.

Die veränderten Belastungsverhältnisse können dazu führen, dass sich am Rand des Gelenks Knochengewebe entzündet und zu wuchern beginnt. Man bezeichnet das als Exostose.

Fast alle Erscheinungen der Arthrose sind mit Schmerzentwicklung verbunden.

Form und Funktion von Gelenken

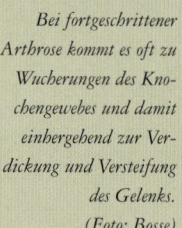

Bei fortgeschrittener Arthrose kommt es oft zu Wucherungen des Knochengewebes und damit einhergehend zur Verdickung und Versteifung des Gelenks. (Foto: Bosse)

Erst nach Abschluss der Entzündungsprozesse kann es zu einem Zustand kommen, der durch die Versteifung des Gelenks zwar mit einer Bewegungseinschränkung verbunden ist, aber mit Schmerzfreiheit einhergeht. Dennoch wird dieser Zustand durch wiederkehrende schmerzhafte Entzündungsschübe unterbrochen werden, welche dann eine angemessene Behandlung notwendig machen.

Spat, Schale und Hufrollenentzündung

Es gibt einige Lahmheitsursachen, die keine reinen Arthrosen sind, da nicht nur die Gelenke allein, sondern noch weitere Teile des Bewegungsapparates mit erkrankt sind.

Der SPAT ist eine Periarthritis (örtlich umgrenzte Entzündung gelenknaher Bereiche) des Sprunggelenks, die mit einer Arthrose der straffen kleinen Gelenke innerhalb dieses komplexen Gelenks einhergeht. Nicht immer ist der Spat mit Lahmheit verbunden – die Knochenauftreibungen an der Gelenkinnenseite und die Versteifung der kleinen Gelenke sind dann nur auf dem Röntgenbild zu erkennen. Es wird diskutiert, ob es sich um eine Übergangsform im Zuge der stammesgeschichtlichen Entwicklung des Pferdes handelt, die hinführt zu einem, aus weniger Knochen bestehenden Sprunggelenk.

Von SCHALE spricht man bei chronischen Knochenwucherungen am Ansatz der Gelenkkapsel rund um das gesamte Gelenk, die sich vor allem am Fessel-, Kron- und Hufgelenk bilden. Ursachen sind Verstauchungen oder Zerrungen, die nicht lange genug ruhig gestellt wurden. Mit der Schale entwickelt sich eine Verschleißarthrose, wenn der Knorpel degeneriert. Monate bis Jahre nach Ausbruch kann es zur Versteifung des betroffenen Gelenks und damit einhergehend zur Schmerzfreiheit kommen.

Die HUFROLLENENTZÜNDUNG (Podotrochlose), die fast ausschließlich an den Vorderbeinen auftritt, ist eine chronische, degenerative Erkrankung. Die Hufrolle setzt sich aus dem Strahlbein, dem Hufrollenschleimbeutel und einem Anteil der tiefen Beugesehne zusammen, wobei Strahlbein und Schleimbeutel das Gleitlager für die Sehne bilden. Die Entzündung, deren Ursachen noch nicht endgültig geklärt sind, kann alle drei Bestandteile betreffen. Das beteiligte Hufgelenk kann, muss aber nicht gleichzeitig arthrotisch verändert sein.

Form und Funktion von Gelenken

Welche Gelenke erkranken am häufigsten?

Grundsätzlich können alle Gelenke entzündlich erkranken. Allerdings ist es naheliegend, dass die straffen Gelenke, wie etwa in der Brustwirbelsäule, weniger häufig betroffen sind als beweglichere Gelenke. Das liegt ganz einfach daran, dass bei Ersteren die Beweglichkeit rein mechanisch so stark eingeschränkt ist, dass es seltener zu Verschleißerscheinungen oder Traumen kommen kann.

Speziell bei Wendungen in hohem Tempo wirken auf die Gelenke der Pferdebeine enorme Kräfte, die zu kleinsten Traumen führen können. (Foto: Slawik)

Form und Funktion von Gelenken

Beim Pferd sind natürlicherweise die Gelenke der Gliedmaßen besonders gefährdet, da es sich entwicklungsgeschichtlich um einen sogenannten Zehenspitzengänger handelt, das heißt, das Pferd läuft nicht wie ein Hund auf der ganzen Pfote, sondern lediglich auf dem Zehennagel der Mittelzehe. Das bedeutet: Das nicht unerhebliche Körpergewicht des Pferdes (mitunter auch das des Reiters!) wird in der Dynamik des Bewegungsablaufs von nur wenigen Quadratzentimetern Knochen, Knorpeln und Sehnen aufgefangen, gebremst, getragen, beschleunigt!

Daraus lässt sich ein logischer Schluss ziehen: Je weiter es im Bein Richtung Boden geht, desto höher das Risiko einer Erkrankung. Jede routinemäßige Lahmheitsuntersuchung einer Gliedmaße beginnt deshalb mit dem Huf und schreitet dann nach oben fort.

Die Arthrosegefahr wächst bei jedem Pferd, wenn es sich nicht artgerecht die meiste Zeit des Tages und rund ums Jahr frei bewegen kann. (Foto: Slawik)

Form und Funktion von Gelenken

Welche Pferde sind besonders betroffen?

Im Bezug auf die Häufigkeit, mit der Gelenkerkrankungen auftreten, kann keine Rasse, weder positiv noch negativ, hervorgehoben werden.

Man kann vielleicht meinen, frei oder halbwild lebende Pferde oder Ponys seien gesünder. Die Wahrheit ist jedoch wohl eher, dass durch die natürliche Auslese lahme Tiere dem Existenzkampf weniger gewachsen sind und eben ausgemerzt werden. Mir ist in diesem Zusammenhang ein anatomisches Präparat des Skeletts einer älteren Dülmener Stute in Erinnerung, das von Arthrosen aller Art gezeichnet war.

Allerdings muss man zugeben, dass die natürliche Auslese wirklich den positiven Effekt hat, dass sich nur die gesündesten und stärksten Individuen fortpflanzen. Dies kommt mit Sicherheit der Gesundheit von wild lebenden Tieren insgesamt zugute.

An diesem Punkt tritt der Mensch auf den Plan – und leider nicht zum Vorteil der Pferde: Er selektierte die Pferde zu allen Zeiten nach seinem persönlichen Geschmack, nach Zuchtzielen bestimmter Rassen, nach der gewünschten Nutzungsart. Er behütete oftmals lebensschwache Tiere, die seinen Schutzinstinkt in besonderer Weise ansprachen oder züchterische Raritäten zu werden versprachen.

Der Mensch verwehrt nur zu oft den Fohlen und Jungpferden die Möglichkeit zur artgerechten Bewegung und Entwicklung in einer Herdengemeinschaft. Viel zu oft und viel zu lang eingesperrt in zu kleinen Boxen oder überfüllten Laufställen, sollen unsere Nachwuchspferde möglichst schnell groß und schwer werden, damit sie dem Käufer das Bild eines fertigen Pferdes vorgaukeln. Knochen und Gelenke halten mit dieser übereilten Entwicklung nicht Schritt, Gelenkerkrankungen noch im Jugendalter oder bereits zu Beginn der meist verfrühten reiterlichen Nutzung sind die Folge, ein gesundes, normal langes Pferdeleben schon fast die Ausnahme.

Leider findet man genauso auch das absolute Gegenteil: vollkommen verwahrloste, ausgemergelte Jungpferde, die auf einem abgenagten Stück Wiese hungernd groß werden müssen. Hier lautet zu gern die Begründung, dass schließlich früher in Ostpreußen die als hart bekannten Trakehner auch nur auf der Weide groß wurden. Dabei wird jedoch verkannt, dass die Weiden in Ostpreußen fett waren und seinerzeit bis zum Horizont reichten. In der schlechten Jahreszeit bekamen auch die Jungpferde selbstverständlich Heu und Hafer zugefüttert.

Durch die allzu frühe Nutzung, insbesondere im Rennsport, werden unreife Jungtiere übermäßig belastet. Die gängige Rede von den frühreifen Vollblütern ist nur ein Deckmantel, um den Kommerz zu kaschieren. Der dort übliche „Verschleiß" an Pferde-„material" spricht für sich. Neuere statistische Untersuchungen der Wachstumsfugen ergaben keine feststellbare „Frühreife" im Vergleich zu anderen Rassen.

Doch auch in der Warmblutzucht regiert leider allzu oft das Gewinnstreben. Die Dreijährigen sollen wie die alten Hasen treten, Trabverstärkungen zeigen, dass die Gelenke knacken, und haushoch springen, dass dem Betrachter der Atem stockt. Der schnellere Generationswechsel bringe den züchterischen Fortschritt, heißt es, aber er bringt auch Geld in die Kassen und spart Aufzuchtkosten. Die Tatsache, dass die

Form und Funktion von Gelenken

vierbeinigen Akteure auch schneller verschlissen sind, fällt dabei wenig ins Gewicht.

Ähnliche Entwicklungen sind leider auch in den meisten anderen Bereichen des leistungsmäßig betriebenen Pferdesports zu beobachten, seien es das Westernreiten oder der Gangpferdesport.

Der Ehrlichkeit halber muss aber auch erwähnt werden, dass Käufer, die nur das Beste, aber zum kleinsten Preis bekommen möchten, die oben skizzierten Entwicklungen unterstützen, teilweise sogar provozieren. Ein verantwortungsvoller Käufer muss sich darüber im Klaren sein, dass eine kompetente Zucht und Aufzucht ihren Preis hat, wenn er ein körperlich und seelisch voll ausgereiftes, gesundes Pferd erwerben will.

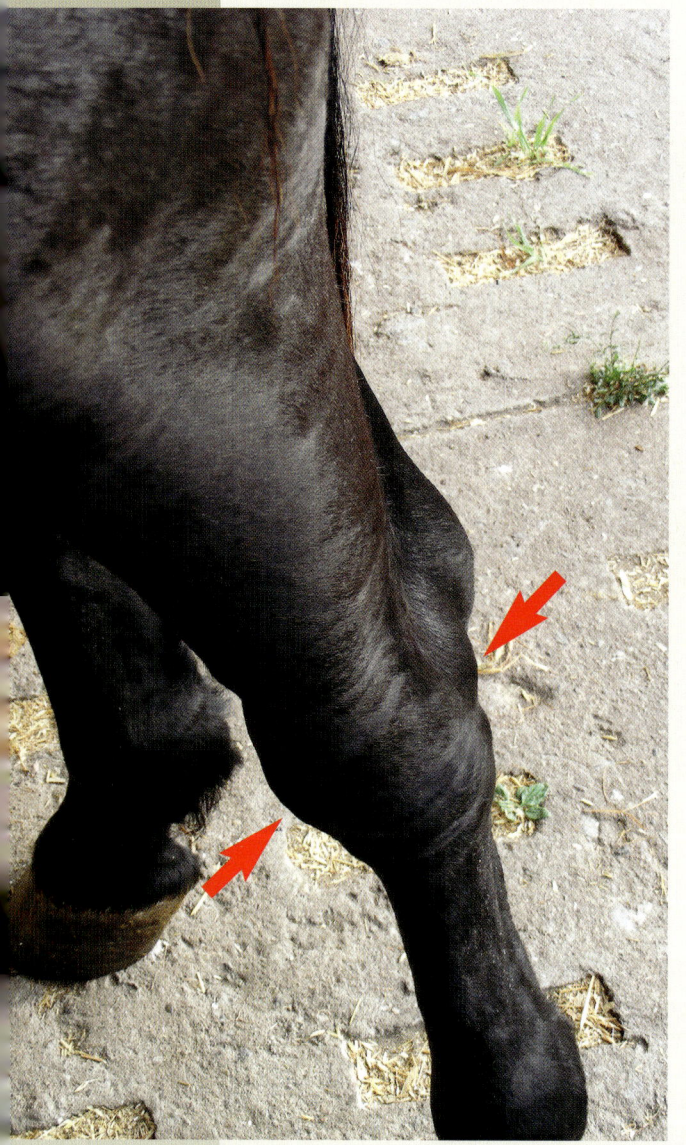

Die vermehrte Füllung dieses Sprunggelenks (Pfeile) kann auf eine Chipbildung am Gelenk hinweisen. (Foto: Janßen)

Gibt es eine erbliche Veranlagung?

Die Meinungen gehen darüber auseinander, ob erbliche Veranlagung eine Rolle bei der Entstehung von Arthrosen spielt. Lange Zeit war man der Meinung, dass bestimmte Gelenkerkrankungen, wie zum Beispiel die Bildung von Chips, erblich seien. Aus diesem Grund wurden und werden die zur Körung angebotenen Junghengste auf ihre Gelenksgesundheit untersucht und Hengste mit entsprechenden Veränderungen nicht gekört, das heißt, sie dürfen nicht zur Zucht eingesetzt werden. Obwohl diese Form der Selektion seit Jahrzehnten existiert, konnte man bislang keinen statistisch gesicherten Rückgang der genannten Veränderungen bei den untersuchten Tieren feststellen, die doch alle von gekörten Vatertieren abstammen. Dieses unbefriedigende Ergebnis legt nahe, eine erbliche Veranlagung zu verneinen.

Man muss aber auch erkennen, welchen großen Einfluss Umweltfaktoren unterschiedlichster Art und Weise auf die ererbte Gelenkgesundheit haben. Es beginnt bei

Form und Funktion von Gelenken

der Fütterung der Mutterstute, den Bewegungsmöglichkeiten und der Ernährung des Fohlens und Jungpferdes. Es geht weiter mit der regelmäßigen Hufpflege und der ausreichenden Entwicklungszeit, die man dem Jungtier zubilligt. Es endet mit der langsamen, geduldigen und professionellen Ausbildung des ausgewachsenen Pferdes an der Hand und unter dem Sattel sowie den Auslaufmöglichkeiten, die dem Pferd auch weiterhin geboten werden.

Führt man sich alle diese Unwägbarkeiten aus einem Zeitraum von drei bis fünf Jahren vor Augen, wird der große Einfluss dieser Faktoren auf die Gelenkgesundheit deutlich. Sie sind so erheblich, dass sie erbliche Veranlagungen ohne Weiteres überdecken können, sowohl im positiven als auch im negativen Sinne.

Mit Sicherheit kann man jedoch davon ausgehen, dass bestimmte Exterieurmängel die Entstehung von Gelenkerkrankungen begünstigen. Das ist leicht zu erkennen, wenn man sich vorstellt, wie sich bei einem verstellten, „krummen" Bein die Belastungsverhältnisse und die Gewichtsverteilung in den Gelenken verändern. Wenn ein Leben lang nur die Außenfläche des Gelenks das Hauptgewicht aufnehmen muss, leuchtet es ein, dass sich dort auch als erstes ein Knorpelschaden entwickeln könnte.

Leider vererben sich solche unerwünschten Stellungsfehler besonders hartnäckig, sind also erblich. Aus diesem Grund ist es besonders wichtig, auch und gerade bei Zuchtstuten auf ein absolut korrektes und einwandfreies Fundament zu achten. Das gilt natürlich auch beim Kauf einer zukünftigen Zuchtstute!

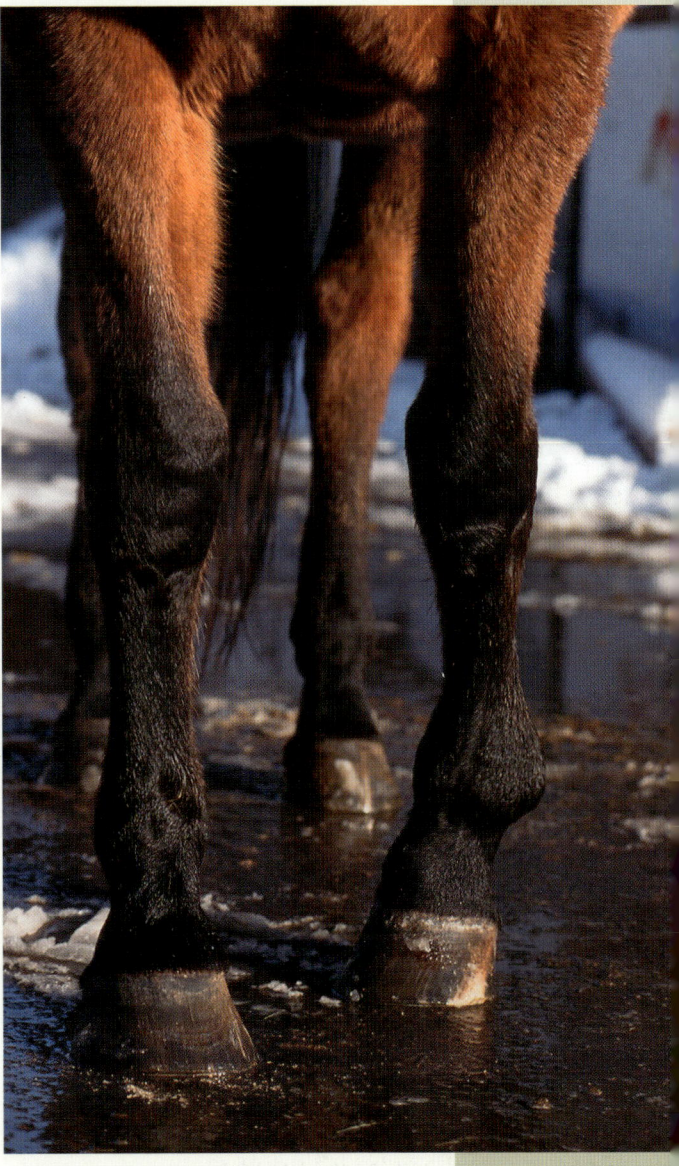

Fehlstellungen können erblich sein – deshalb sind Pferde ohne einwandfreies Exterieur für die Zucht nicht geeignet. (Foto: Slawik)

(Foto: Becker)

Vielfältige Symptome

Es ist sehr wichtig, bereits erste Krankheitsanzeichen ernst zu nehmen, da die Erkrankung im Anfangsstadium noch gut und erfolgreich behandelt werden kann. Nur zu schnell treten Krankheitszustände ein, welche nicht oder kaum noch ausgeheilt werden können und einen bleibenden, dauerhaften Schaden zurücklassen.

Vielfältige Symptome

Es beginnt mit einer Arthritis

Als Arthritis wird die akute, entzündliche Erkrankung eines Gelenks bezeichnet. Hierbei können eine oder mehrere Strukturen des Gelenks betroffen sein, wie die zum Gelenk gehörigen Knochen, die Gelenkknorpel, die Gelenkkapsel oder die zugehörigen Bänder.

Bei Traumen oder Überlastungen, etwa durch einen Sturz oder ein Stolpern, kann die Bindegewebsschicht am Knochen ab- oder einreißen und so zunächst eine akute Knochenhautentzündung (Periostitis) verursachen. Bei Verletzungen des Gelenks selbst, wie sie durch einen Huftritt oder einen Schnitt an einer scharfen Kante entstehen können, kommt es binnen weniger Minuten zu dramatischen Veränderungen in der Gelenkflüssigkeit.

Im gesunden Gelenk ist die Flüssigkeit zähflüssig, durchsichtig und klar bis hellgelb gefärbt und ähnelt einer zellarmen, eiweißreichen Blutflüssigkeit. Beobachtet man bei einem Pferd eine Verletzung in Gelenknähe mit dem Austritt dieser Flüssigkeit, so ist umgehend der Tierarzt zu rufen und die Wunde vor Verschmutzung zu schützen. Eine Eröffnung der Gelenkkapsel bedeutet höchste Alarmstufe für die Gelenkgesundheit! Bedingt durch die Zellarmut ist die Gelenkflüssigkeit sehr homogen und verklumpt im gesunden Gelenk niemals. Bei einer Verletzung der Gelenkkapsel tritt Fibrinogen, ein gerinnungsfördernder Blutbestandteil, aus dem Blut in die Gelenkflüssigkeit und erhöht damit ihre Bereitschaft, die Eiweißbestandteile miteinander verklumpen zu lassen. Das Fibrinogen soll durch seine Eigenschaft, das Blut gerinnen zu lassen, ein Verbluten des Tieres verhindern. In der Gelenkflüssigkeit verschlechtert sich dadurch jedoch die Schmierfähigkeit, die Viskosität wird erhöht. Die Anzahl der weißen Blutkörperchen (Leukozyten) steigt erheblich an, die Farbe der Flüssigkeit ändert sich zu trübdunkelgelb.

Die veränderte Viskosität hat nachteiligen Einfluss auf die Verfestigung unter Druck: Die Flüssigkeit wird aus dem Gelenk gepresst, dadurch kann es zu erhöhter Reibung der jetzt unmittelbar in Kontakt stehenden Gelenkflächen kommen. Die nur Millimeter dicken Knorpelschichten werden abgerieben, das Gewicht konzentriert sich auf eine immer kleinere Kontaktfläche.

Auch eine Infektion kann ähnliche Veränderungen hervorrufen. Wird sie durch eiterbildende Krankheitserreger verursacht, so tritt eine rapide Zerstörung des Gelenkknorpels ein. Die von den weißen Blutkörperchen und den Erregern gebildeten enzymatischen Substanzen zerstören den Knorpel binnen weniger Stunden so schwerwiegend, dass sich das betroffene Gelenk von diesem Schaden nie wieder vollkommen erholt.

Auch andere Arten von Traumen, welche zum Beispiel dazu führen, dass Knorpelstücke (Chips) absplittern, führen zu einer vergleichbaren Situation im Gelenk. Das lose Knorpelstück schädigt den gegenüberliegenden Knorpel und den darunterliegenden Knochen, die oben beschriebenen Veränderungen in der Gelenkflüssigkeit treten ein, der Knorpel degeneriert weiter, der Schaden ist da.

Die leichteste Form der Arthritis ist meist durch ein geringes Trauma verursacht, etwa durch die Überdehnung eines Gelenks bei einer abrupten Wendung, und zeigt sich in Form einer Entzündung der Gelenkinnenhaut. Sie geht mit vermehrter

Vielfältige Symptome

Schon ein unglücklicher Bockspring kann unter Umständen zu einer Überdehnung eines Gelenks führen, aus der sich eine Arthritis und dann oft eine Arthrose entwickeln.
(Foto: Slawik)

Bildung von Gelenkflüssigkeit einher. Das Gelenk erscheint äußerlich vermehrt gefüllt, die Flüssigkeit selbst sieht aber normal aus. Diese leichte Form kann schon durch die Fehlstellung einer Gliedmaße hervorgerufen werden. Dennoch kann sich in diesem Fall durch die anhaltende Belastung auch eine schwerere Form der Arthritis entwickeln.

Die oben geschilderten Veränderungen an Gelenken entwickeln sich oftmals binnen weniger Minuten. Schon nach wenigen Stunden kann ein irreversibler Schaden eingetreten sein. So ist es verständlich, dass mancher Pferdebesitzer denkt, sein Pferd sei von Anfang an arthrosekrank. Zu leicht wird die Arthritis als Phase der akuten Entzündung übersehen.

Doch nicht nur der eventuell fehlenden Aufmerksamkeit der betreuenden Personen, sondern auch einem wichtigen Verhaltensmuster des Pferdes ist es zuzuschreiben, dass sich traumatische Verletzungen oft erst dramatisch verschlechtern, bevor sie entdeckt werden. Im Sport stehen die Pferde unter erheblichem Stress, der mit starken und anhaltenden Adrenalinausschüttungen verbunden ist. Das Hormon Adrenalin versetzt den Körper in Alarmbereitschaft, beim Fluchttier Pferd werden alle Körperreaktionen auf schnelles Entkommen vor einer möglichen Gefahr ein-

Vielfältige Symptome

gestellt. Herzschlag, Atmung und Körpertemperatur steigen an, die Muskeln zittern und werden vermehrt durchblutet, dafür wird dem Verdauungstrakt Blut entzogen. Zugleich konzentrieren sich die Sinne des Tieres auf die tatsächliche oder eingebildete Gefahr. Schmerzen werden in diesen Momenten quasi ausgeblendet, um das Überleben durch Flucht zu sichern. So kann es geschehen, dass ein Vollblüter ein Rennen bis ins Ziel mitläuft, obwohl er sich durch die extreme Belastung einen hochschmerzhaften Riss in einem Knochen (Knochenfissur) zugezogen hat.

Wie entwickelt sich eine Arthrose?

Aus dem bisher Gesagten wird klar, dass die Übergänge von der Arthritis zur Arthrose fließend sind, da die Erscheinungen der akuten Arthritis oftmals nur kurzfristig vorhanden sind und allzu schnell in die Arthrose übergehen.

Eine ganze Reihe von Faktoren spielt hierbei eine Rolle:
- Wie schnell wird das Leiden erkannt und das erkrankte Pferd einer sachkundigen und angemessenen Behandlung zugeführt?
- Wie schwer sind die Veränderungen am Gelenk?
- Ist es möglich, das erkrankte Gelenk ruhig zu stellen, um die Heilung zu unterstützen?
- Welche Zeit wird dem erkrankten Pferd zugebilligt, um gesund zu werden?

Wie erwähnt, vergehen unter Umständen nur wenige Minuten, bis an einem traumatisierten Gelenk Stoffwechselveränderungen eintreten, die zu einer Degeneration des Knorpels führen. Hierdurch verliert der Knorpel Elastizität und Festigkeit und wird unter Umständen bis auf den Knochen abgeschliffen. Knorpel kann sich zwar regenerieren, aber nur im Zustand der Ruhe und Schonung. Das Pferd als Lauftier kann nicht „das Bein hochlegen", bis

Im akuten Fall ist es wichtig, Verletzungen sauber abzudecken und eventuelle Schwellungen zu kühlen.
(Foto: Becker)

Vielfältige Symptome

alles wieder in Ordnung ist. Aufgrund seiner Körpermasse ist es auf alle vier Gliedmaßen angewiesen. Verdauungstrakt und Kreislauf reagieren empfindlich auf allzu lange Ruhephasen im Liegen. Wird ein Pferd durch eine schmerzhafte Erkrankung gezwungen, ein Bein zu schonen, so treten oft an anderen Gliedmaßen weitere schwerwiegende Erkrankungen auf, wie zum Beispiel die Belastungsrehe, eine Huflederhautentzündung durch die fortwährende Überlastung einer eigentlich gesunden Gliedmaße.

Hinzu kommt eine Stoffwechseleigenschaft von Pferden, die von Natur aus helfen soll, bei Verletzungen starke Blutverluste zu verhindern. Das Pferd ist ein sogenannter „fibrinöser Typ", das heißt, die Gerinnungsfähigkeit von Blut und ähnlichen Flüssigkeiten im Gewebe infolge der Anreicherung der Gerinnungssubstanz Fibrin ist extrem stark ausgeprägt. Diese Eigenschaft begünstigt, wie beschrieben, die Veränderung der Eigenschaften der Gelenkflüssigkeit und in der Folge die Zerstörung des Knorpels. Ist hier erst einmal eine gewisse Grenze überschritten, gibt es kaum mehr ein Zurück. Der darunterliegende Knochen entzündet sich, verändert seine Feinstruktur und seine Tragfähigkeit. Im schlimmsten Fall kommt es zu einer knöchernen Versteifung des Gelenks, einer Ankylose.

Die Fibrinanreicherung im kranken Gewebe führt zu Stauungserscheinungen, sichtbar als Schwellung und/oder Ödem. Sind Bakterien beteiligt, kommt es zu einer besonders schweren Form, dem Einschuss (Phlegmone). Wird in diesem Fall nicht umgehend tierärztliche Hilfe in Anspruch genommen, kann es zur Gewebseinschmelzung, also Verflüssigung, und Bildung eines Abszesses kommen. Das heißt, es entwickelt sich ein Eiterherd, der (hoffentlich) nach außen durchbricht. Bei einer solchen Gewebseinschmelzung können alle Strukturen im Gelenk, sogar Bänder und Sehnen, unwiderruflichen Schaden nehmen.

Jede Form der genannten Stauungserscheinungen behindert erheblich den zur Heilung notwendigen Stoffwechsel im zellulären Bereich, da das Fibrin sozusagen „zur Sicherheit" erst mal „dichtmacht", damit nicht der gesamte Organismus zu Schaden kommt. Auch die Wundheilung nach Operationen und die Verträglichkeit vieler chirurgischer Nahtmaterialien sind durch diese Stoffwechseleigenheit des Pferdes schlechter als bei anderen Tierarten.

Bedingt durch die in Relation zu seinem Körpergewicht zierlichen Gliedmaßen eines Pferdes, seine Lebensweise als Lauftier und sein Unvermögen, längere Zeit still zu liegen, werden alle Gelenkstrukturen ständig bewegt und zum Teil sehr erheblich belastet. Kleinere Schäden, die bei anderen Tieren oder beim Menschen problemlos heilen würden, stellen beim Pferd die Weichen zur Arthrosebildung. Ein kleiner Riss im Ansatz der Gelenkkapsel am Knochen kann nach einer kurzen, akuten Entzündung zur Neubildung von Knochengewebe führen, das am Rand der Gelenkfläche dauerhaft bestehen bleibt und unter Umständen die Beweglichkeit einschränkt. Bei jeder stärkeren Beugung oder Streckung des Gelenks kann sich der veränderte Bereich erneut entzünden, was zu weiteren Knochenwucherungen (Exostosen) führt.

Man könnte denken, dass vor allem Verletzungen, Verstauchungen, Zerrungen oder Unfälle aller Art über eine Arthritis zur Arthrose führen. Einen ganz wesentlichen Teil der Entstehung machen jedoch die all-

Vielfältige Symptome

täglichen Belastungen aus. Hier sind einerseits die Fehlstellungen von Gliedmaßen zu nennen, aufgrund derer Gelenkflächen lebenslang in Abweichung von der normalen Gliedmaßenachse „schief gelaufen" werden.

Die Knorpelflächen im Gelenk verhalten sich leider genauso wie die Schuhsohlen bei einem Menschen, der seine Füße ungleichmäßig belastet: An der Stelle des stärksten Drucks werden sie am meisten abgenutzt. Dieser Verschleiß kann so allmählich vonstatten gehen, dass er mit keinen oder kaum sichtbaren Lahmheitsanzeichen verbunden ist. Aber ist der Schaden erst einmal eingetreten, ist er nicht wieder rückgängig zu machen. Daneben sind bei unseren Gebrauchspferden die alltäglichen Überlastungen von Gelenken von sehr großer Bedeutung für die Entwicklung von Arthrosen. Im Spitzenspringsport landet das Gewicht von Pferd und Reiter aus etwa 2 Metern Höhe auf wenigen Quadratzentimetern, die ein Vorderbein im Querschnitt besitzt. Für diese Art der Nutzung sind die Gliedmaßen von Pferden auf Dauer nicht geschaffen.

Auch der Westernreitsport kann durch die gewünschte Haltung des Pferdes unter dem Reiter zu einer stärkeren Belastung der Vorhand führen, außerdem belasten Übungen wie Spins oder Sliding Stops alle

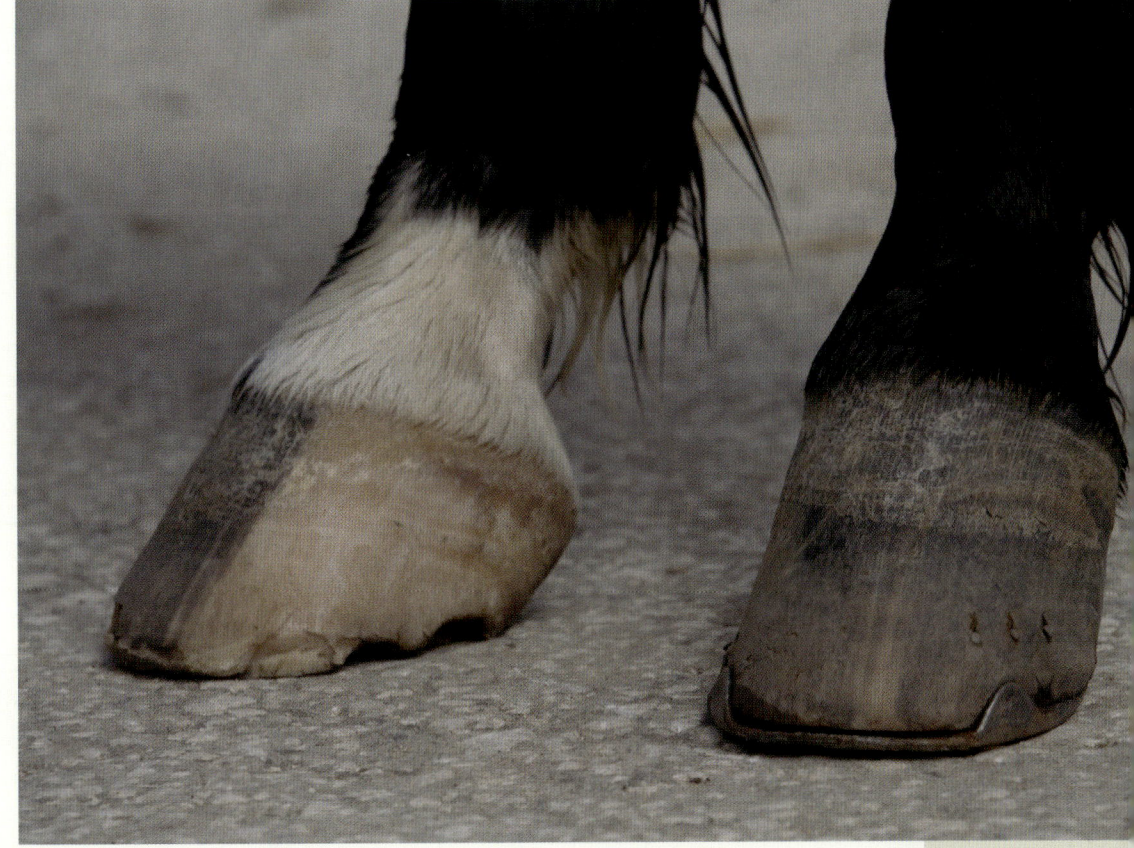

Wer meint, durch eine Verlängerung der Beschlagsperiode Geld sparen zu können, nimmt unnötige Belastungen des Bewegungsapparats seines Pferdes in Kauf. (Foto: Slawik)

Vielfältige Symptome

Gelenke extrem. Im Dressursport werden durch die stark versammelnden Lektionen und die Seitengänge neben den Vorderbeinen vor allem die Sprunggelenke in Mitleidenschaft gezogen.

Schon im ganz normalen Pferdealltag, abseits vom Leistungssport, führt bereits die ganz einfache „Sparsamkeit" durch das Hinauszögern von Beschlagsterminen zu einem wiederkehrenden Härtetest für viele Pferde. Sie belastet die Gliedmaßen von Pferden extrem: Die Zehen werden unter den Eisen immer länger, während die Trachten durch den Hufmechanismus auf dem Eisen abnutzen. Folglich werden die Hufe von Woche zu Woche flacher, die Winkelung aller Gelenke bis hinauf zum Fesselgelenk wird geändert, die Gelenke werden hierdurch (vollkommen unnötig) unnatürlich belastet und verschlissen.

Auch für das Geländereiten muss das Pferd dressurmäßig ausgebildet sein, damit es gelenkschonend geritten werden kann. (Foto: Janßen)

Zumeist unwissentlich tragen Freizeit- beziehungsweise Sportreiter ohne Turnierambitionen zur Fehlbelastung ihrer Pferde bei. Schon von Natur aus trägt das Pferd etwa 55 Prozent seines Körpergewichtes mit der Vorhand. Das ist sinnvoll, denn so kann die Hinterhand mobil sein, um plötzliche Richtungsänderungen zu unterstützen oder schnell unterzutreten, um den Körper zu beschleunigen.

Trägt das Pferd einen Reiter, so muss das Tier sein Gleichgewicht neu finden. Zur Schonung der Vorhand muss es vermehrt Gewicht mit der Hinterhand aufnehmen, den Rücken trainieren und aufwölben, Kopf und Hals als „Gegengewicht" zur abkippenden Hinterhand anheben. Diese „schulmäßige" Haltung der Reitpferde lehnen viele Freizeitreiter ab, weil sie das Gefühl haben, das Pferd auf diese Weise einzuengen. Oftmals fehlt auch schlicht das reiterliche Können und Wissen, um das Pferd so zu gymnastizieren. Nur wenige Geländereiter machen sich bewusst, dass auch mit jahrelanger entspannter „Latscherei" am langen Zügel, ständig auf der Vorhand laufend, die Gelenke der Vordergliedmaßen schwerwiegend geschädigt werden können. Gutes Reiten ist gelenkschonendes Reiten und dazu gehört einfach die schulmäßige Versammlung unter dem Reiter.

Aus tierärztlicher Sicht muss gesagt werden, dass ein solide trainiertes und schulmäßig gerittenes Pferd wahrscheinlich eine größere Chance hat, ein gesundes Alter zu erreichen, als ein Pferd, das sein Leben lang zu seinem eigenen Gewicht auch noch das des Reiters auf der Vorhand mit sich herumträgt.

Typische Krankheitszeichen

Zu unterscheiden sind die körperlich sicht- und fühlbaren Krankheitszeichen im Stand sowie Lahmheitsanzeichen in der Bewegung.

Man sollte sich ausreichend Zeit nehmen, um das betreffende Pferd in aller Ruhe und von allen Seiten aus zu begutachten, und dabei nach einem klaren, immer gleichen Schema vorgehen: etwa vom Boden zum Körper hin, zunächst beide Vorderbeine einzeln, dann vergleichend, und danach ebenso mit den Hintergliedmaßen verfahren. Lässt man sich von augenfälligen Umfangsvermehrungen oder Narben direkt ablenken, so übersieht man möglicherweise unauffälligere, für die Krankheit jedoch bedeutsame Veränderungen.

Nach der Adspektion, dem Anschauen, folgt die Palpation, das Abtasten. Hier lässt man eine oder beide Hände mit dem Haarstrich, also von oben nach unten, mit leichtem Druck über das Bein gleiten. Starke Abwehrbewegungen des Pferdes bereits bei leichtem Druck weisen auf eine deutliche Schmerzreaktion und somit auf eine akute Entzündung hin. Ältere, chronisch bestehende Veränderungen hingegen können meist reaktionslos abgetastet werden. Ist man sich nicht darüber im Klaren, ob es sich um eine natürliche Knochenform oder eine Abweichung handelt, so nimmt man zunächst das zweite Bein zum Vergleich zwischen die Hände. Symmetrische Formen auf beiden Seiten sprechen zunächst für eine natürliche Erscheinung, allerdings kommen Arthrosen gelegentlich auch an einem Beinpaar vor. Jegliche Abweichung von der Symmetrie sollte unsere besondere Aufmerksamkeit finden.

Vielfältige Symptome

Veränderungen im Gelenk selbst gehen in aller Regel mit einer Vermehrung der Gelenkflüssigkeit einher. Die Gelenkkapsel erscheint dann vorgewölbt, je nach betroffenem Gelenk erscheinen mehrere kleine „Beulen", die durch dort vorhandene Bänder und Sehnen bedingt sind, oder größere halbkugelige Vorwölbungen. Bei Druck hat man ein Gefühl, als ob man auf eine überreife Tomate drückt. Je praller das Gelenk gefüllt ist, desto unnachgiebiger erscheint die Kapsel. Bei lange vorliegenden Veränderungen ist die Wand der Kapsel zusätzlich verdickt und innerlich mit Zotten besetzt. Auch das lässt sich mit einiger Übung ertasten, wenn man die Kapselwand gegen einen darunterliegenden Knochen drückt. Ist die Kapselwand hingegen (noch) dünn, so kann man trotz der vermehrten Füllung den Knochen wie durch die Haut ertasten. Auf diese Weise kann man einen groben Anhaltspunkt für die Dauer und Schwere der Erkrankung erhalten.

Arthrotische Gelenkveränderungen gehen häufig mit Knochenzubildungen (Exostosen) einher. Liegen diese am Ansatz der Gelenkkapsel, so kann man erbsenähnliche, knochenharte Knötchen finden. Sind ganze Gelenke betroffen, so fühlt man eine knöcherne Wulstbildung.

Häufig findet man auch Verschleißerscheinungen am Bänderapparat, zum Beispiel verdickte Schleimbeutel („Gallen") und Sehnenscheiden, die durch ihre schwammige Konsistenz auffallen und sich im Gegensatz zur vermehrt gefüllten Gelenkkapsel nicht „wegdrücken" lassen. Diese Erscheinungen sind wichtige Hinweise auf ein Pferd, das entweder in seinem Leben schon viel gearbeitet hat oder weiches, wenig belastbares Bindegewebe hat. Beide Faktoren begünstigen die Entstehung von Arthrosen.

Nach der Beurteilung im Stand erfolgt die Beobachtung in der Bewegung. Es ist beim arthrosekranken oder -verdächtigen Pferd besonders wichtig, die allerersten Schritte, am besten gerade eben aus der Box kommend, zu beobachten! Gerade bei chronischen, leichten Formen hat man ganz zu Beginn ein paar lahme Tritte oder auch nur auffallend steife Bewegungen, welche durch die Bewegungseinschränkungen in den veränderten Gelenken bedingt sind. Der Arthrosekranke „läuft sich ein", wie man sagt. Das gilt für das Pferd genauso wie für den Menschen. Sind die Veränderungen an den Gelenken nicht zu schwer, kann das Tier nach der genannten Anlaufphase einen unauffälligen Bewegungsablauf zeigen. Erst eine länger dauernde Belastung kann dann wieder zu Lahmheitsanzeichen führen, wenn der Schmerz durch intensiven Gebrauch des Gelenks beziehungsweise der Gelenke zunimmt.

Bei einer akuten Arthritis hingegen besteht vom ersten Moment an eine deutliche Lahmheit, die unter Belastung kontinuierlich schlimmer wird oder bestehen bleibt, da der akute Schmerz das Pferd vom ersten Schritt an begleitet.

Weist ein Pferd eine weit fortgeschrittene Arthrose mit einer weitgehenden knöchernen Versteifung eines oder mehrerer Gelenke auf, so ist eine gleichbleibende Lahmheit zu erwarten, die schlicht durch die Bewegungseinschränkung der Gelenke verursacht wird.

Für den Besitzer stellt sich hier und auch in leichteren Fällen die Frage: Leidet mein Tier? Diese Frage ist oft nur schwer zu beantworten. Aber es gibt doch einige wichtige Anhaltspunkte, die der Besitzer

Vielfältige Symptome

Das gründliche Abtasten des betroffenen Beins gibt oft schon erste Hinweise auf die Ursache einer Lahmheit.
(Foto: Becker)

Vielfältige Symptome

gemeinsam mit seinem Tierarzt – und in seinem Herzen – finden muss. Zur Beurteilung des tatsächlichen Schmerzempfindens ist es empfehlenswert, das Pferd für einen ausreichend langen Zeitraum, etwa zwei Wochen, kontinuierlich mit sehr gut wirksamen Schmerzmitteln zu versorgen. Dann soll eine Zeit ohne Therapie folgen. Ist ein Unterschied feststellbar? War das Pferd mit dem Schmerzmittel fröhlicher, bewegungsfreudiger, hat die Lahmheit nachgelassen? Hat das Pferd unter dem Medikament lieb gewordene Angewohnheiten, wie Laufspiele oder Ähnliches, wieder aufgenommen und lässt sie nun wieder sein? Wie viel bewegt es sich überhaupt? Bewegt es sich nur zum Zweck des Nahrungserwerbs oder um Artgenossen auszuweichen oder bewegt es sich auch einmal freiwillig, ohne erkennbaren Grund, wie ein Lauftier es nun einmal tut. Wie verhalten sich seine Artgenossen ihm gegenüber? Ist es in der Rangordnung abgesunken oder behauptet es mit Mühe seinen Platz, ist es gar das letzte Pferd in der Herde? Hat es gern Kontakt mit Artgenossen oder will es eigentlich nur in Ruhe gelassen werden?

Es sind viele kleine Mosaiksteinchen, die ein Gesamtbild geben. Das Fortschreiten der Erkrankung, die Jahreszeiten, das Wetter geben dem Mosaik immer wieder ein anderes Aussehen. Der Besitzer muss achtsam sein, damit er das Bild wirklich erkennt und nicht nur das sieht, was er sehen möchte.

Das Pferd ist von seiner Natur her ein Lauftier und so möchte es auch leben können. Wenn es nicht mehr laufen kann, erlischt auch seine Freude am Leben.

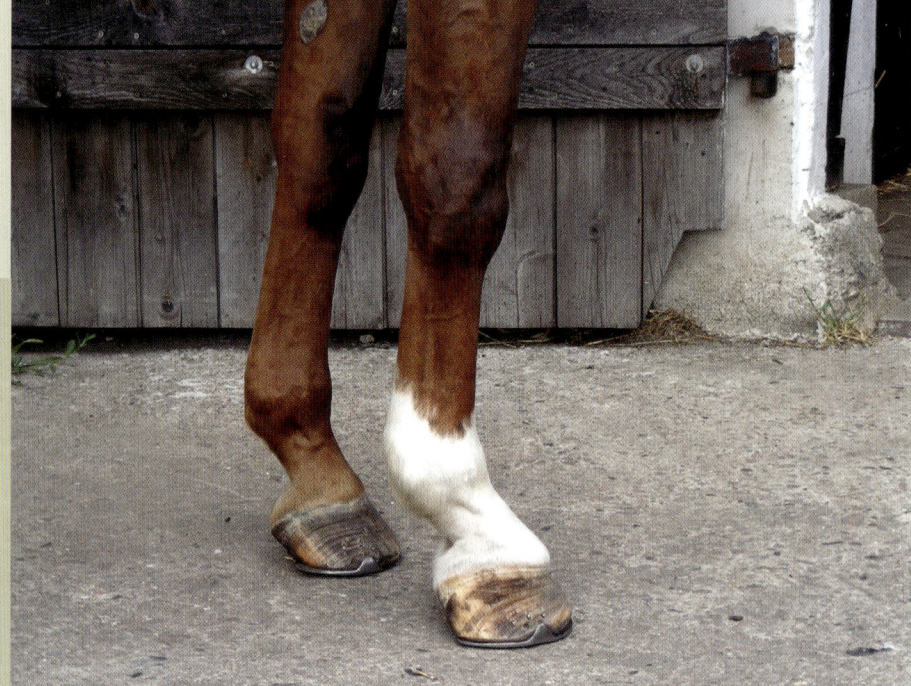

*Bei diesem Pferd hat die Steilstellung des Bockhufs zu einer veränderten Belastung aller darüberliegenden Gelenke und in der Folge zu einer Arthrose im Vorderfußgelenk geführt. Dank eines fachkundigen Beschlags läuft das Pferd dennoch lahmheitsfrei.
(Foto: Janßen)*

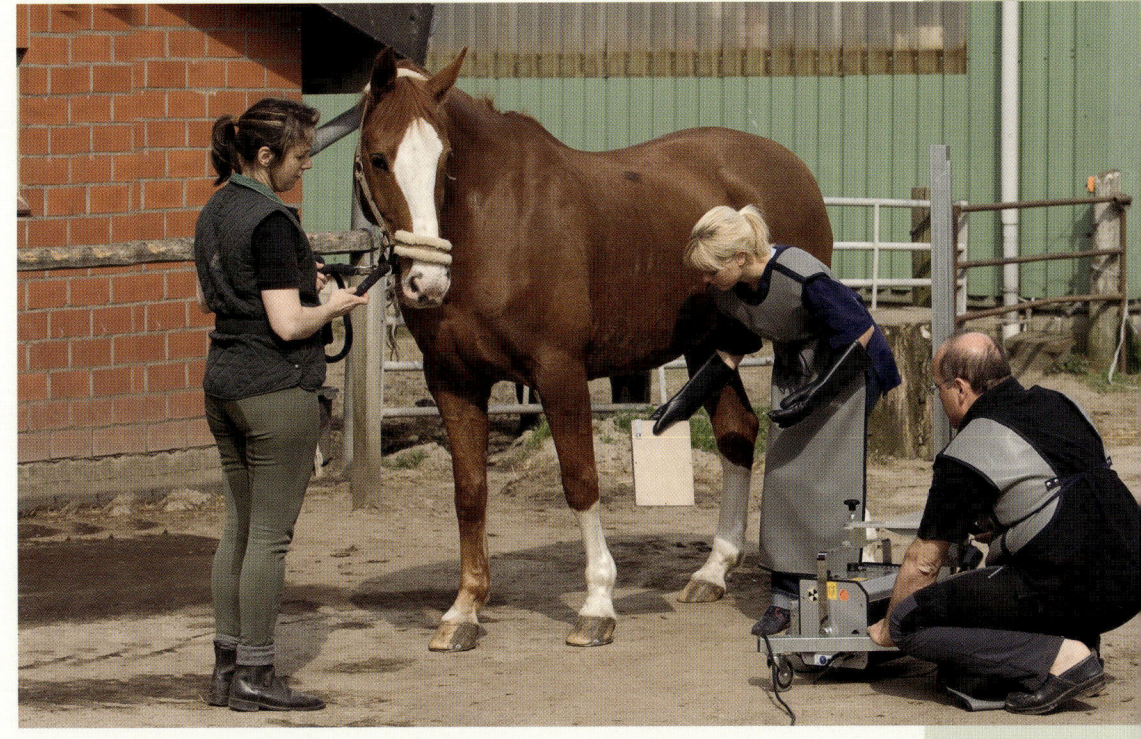

(Foto: Becker)

Diagnostische Möglichkeiten des Tierarztes

Der Tierarzt ist der erste Ansprechpartner bei allen Anzeichen von Lahmheit. Zwar bietet die moderne Apparatemedizin vielfältige Möglichkeiten der Diagnostik, die in diesem Themenbereich auch erklärt werden. Dennoch ist die gründliche, routinierte und konsequent durchgeführte Lahmheitsuntersuchung die Grundlage, auf der alle weitergehenden Untersuchungen basieren.

Allgemeine Lahmheitsuntersuchung

Wird der Tierarzt zu einem lahmenden Pferd gerufen, sieht er sich zunächst die Gliedmaßen von allen Seiten sehr genau an und tastet sie von oben bis unten ab. Danach erfolgt eine Beurteilung des Bewegungsablaufs auf einer festen, geraden und ebenen Strecke. Das Pferd soll sich an der

Diagnostische Möglichkeiten des Tierarztes

Bereits beim Vorführen im Schritt kann der geübte Betrachter erkennen, ob sich Bewegungsabweichungen zeigen. (Foto: Slawik)

Hand am möglichst lockeren Strick bewegen, zunächst im ruhigen, gleichmäßigen Schritt, dann im langsamen Trab. Der Tierarzt begutachtet hierbei die Bewegungen von vorn, von hinten und von beiden Seiten. Neben dem optischen Eindruck kann auch der akustische wertvolle Hinweise geben. Der unterschiedliche Klang beim Auffußen kann auf verschieden starke Lastaufnahme der Gliedmaßen hindeuten.

Beim Vorführen achtet der Tierarzt auf Abweichungen vom normalen Bewegungsablauf. Er versucht, die festgestellten Abweichungen auf eine oder mehrere Gliedmaßen festzulegen und durch die Art und Schwere bereits Hinweise auf mögliche Krankheitsursachen zu erhalten.

Ganz abgesehen von eventuellen deutlich sichtbaren Lahmheiten kann der Tierarzt sehen, ob das Pferd regelmäßig läuft, also die Hufe beim Auffußen gleichmäßig aufsetzt und die Beine in der Bewegung weder nach außen noch nach innen geschwungen werden. Von der Seite kann er sehen, wie die Gliedmaßen vorgeführt werden, ob sich ein schöner Schwungbogen bildet oder dieser wegen Beschwerden verkürzt wird. Auch beim anscheinend gesunden, nicht deutlich lahmenden Pferd kann ein abweichender Bewegungsablauf ein Zeichen für sich ankündigende Erkrankungen sein, zumindest ein Hinweis auf möglicherweise überlastete Gelenkbereiche. Bei Verschleißerscheinungen in den Vordergliedmaßen ist häufig eine Verkürzung der vorführenden Phase des Vorderbeines der einen Seite, zugleich verbunden mit einer relativen Verlängerung der rück-

Diagnostische Möglichkeiten des Tierarztes

wärtigen Phase der anderen Seite, zu beobachten. Daher entsteht der Eindruck eines sogenannten „gebundenen Ganges", welcher oft insgesamt mit einer Reduzierung der Gesamtschrittlänge verbunden ist. Diese Abweichung lässt sich am besten im Schritt beobachten, erfordert jedoch einen erfahrenen Beobachter, da sie ja beidseitig symmetrisch vorliegt.

Meist leichter zu erkennen sind einseitige Bewegungsabweichungen. Wenn das Pferd während der Belastung der Vordergliedmaße (Stützphase) Schmerz empfindet, wird es danach trachten, diese möglichst kurz zu halten. Es „fällt" also auf die gesunde Gliedmaße. Um zusätzlich Gewicht zu vermeiden, wird bei Belastung der kranken Gliedmaße der Kopf angehoben, bei Belastung der gesunden gesenkt. Das lässt sich am besten im langsamen Trab erkennen. Hierbei kann man, besonders bei beschlagenen Pferden, auch oft ein auffälliges Klangbild hören, da die gesunde Gliedmaße mit mehr Gewicht aufgesetzt wird. Bei Lahmheiten einer Hintergliedmaße kann man ebenfalls von der Seite eine Verkürzung der Stützphase sehen, von hinten zur Gewichtsentlastung ein stärkeres Anheben der Hüfte auf der erkrankten Seite.

Es ist üblich, die Lahmheiten in Schweregrade einzuteilen, um vergleichbare Angaben

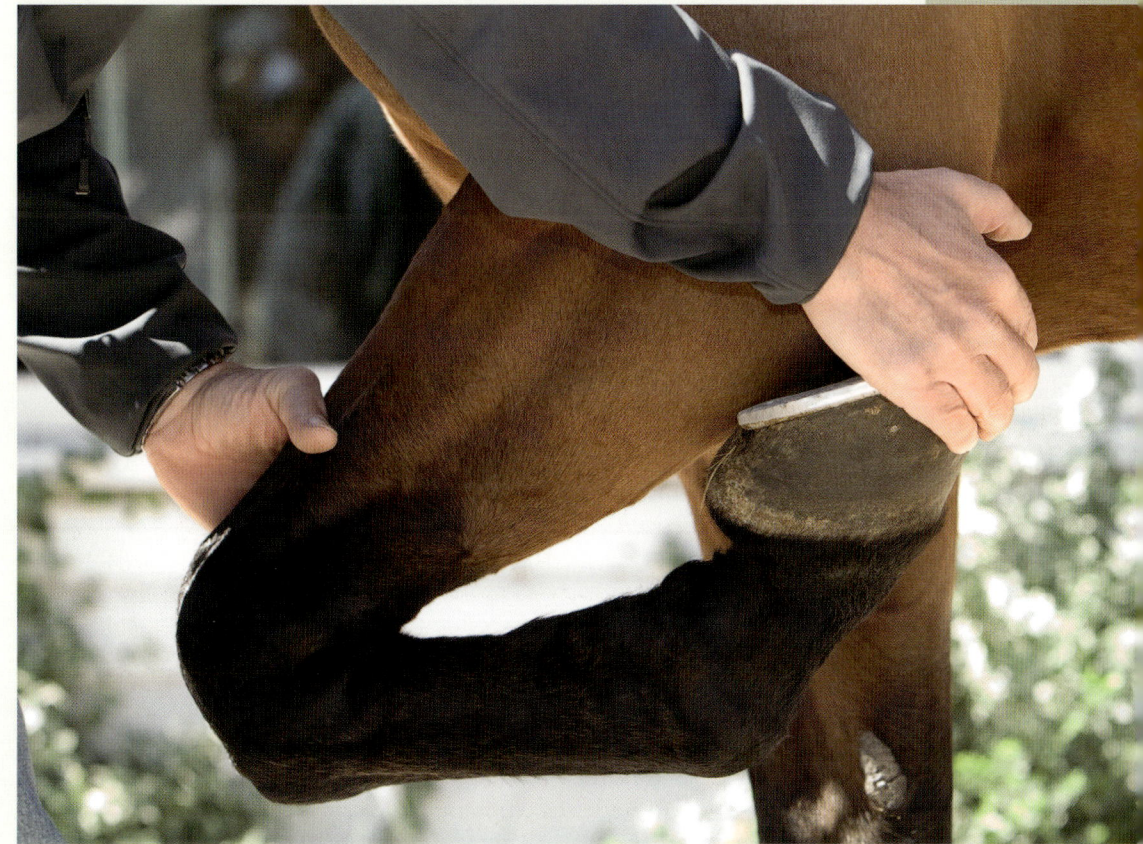

Die Beugeprobe ist für das Pferd bei vorgeschädigten Gelenken schmerzhaft, sodass sich beim sofortigen Antraben danach eine deutlichere Lahmheit zeigt. (Foto: Becker)

für notwendige Dokumentationen machen zu können:

- undeutlich: im Schritt lahmfrei, im Trab nicht sicher erkennbar
- geringgradig: im Schritt lahmfrei, im Trab dauernd sichtbar
- mittelgradig: im Schritt und Trab dauernd sichtbar
- hochgradig: Gliedmaße wird nicht belastet oder nur kurzzeitig mit der Zehenspitze aufgesetzt

Im Anschluss an diese erste Untersuchungsphase werden meist Beugeproben gemacht. Hierbei werden nacheinander die Gliedmaßen hochgehoben und eine Minute im stark gebeugten Zustand festgehalten. Dabei kommt es zu einer Belastung aller beteiligten Gelenke. Bei vorgeschädigten Gelenken zeigt sich dann eine Lahmheit als Schmerzreaktion, wenn das Pferd nach Ablauf dieser Minute sofort antraben muss. Auf diese Weise ist es möglich, undeutliche Lahmheiten zu verstärken und einer bestimmten Gliedmaße zuzuordnen.

Das Feingefühl des Untersuchers ist gefragt, um den richtigen Beugezustand zu finden, den ein gesundes Pferd ohne Probleme verträgt, ein vorgeschädigtes jedoch nicht. In jedem Fall sollte bei einem positiven Ergebnis der Beugeprobe eine Wiederholung stattfinden, um die Sicherheit des Ergebnisses zu erhöhen.

Der Untersucher kann außerdem das Pferd am Strick in einer engen Volte rasch um sich herum treten lassen, um die Innenseiten der Gelenke besonders zu belasten und dabei zu sehen, ob das Pferd lahmheitsfrei bleibt. Auch ein Vorführen an der Longe in allen Gangarten, der Freilauf und/oder eine Vorstellung unter dem Reiter sind möglich. Ebenso sollte eine Untersuchung der Zahngesundheit erfolgen. Viele Fälle von unklarer „Zügellahmheit" basieren auf unterschiedlich abgenutzten Zähnen.

Viele Pferdebesitzer und auch Tierärzte geben heutzutage den speziellen Untersuchungsverfahren (siehe unten) den Vorzug vor der „einfachen" Lahmheitsuntersuchung. Dennoch sollte man den Gesamteindruck, den man von dem Pferd bei dieser ersten Untersuchung gewinnt, nicht unterschätzen. Viele erfahrene Untersucher wissen, dass das Abbild, welches Apparate von einem Gelenk vermitteln, nicht immer mit dem Empfinden des Tieres und der Wahrnehmung des Menschen übereinstimmen. Es gibt hochgradig lahme Pferde ohne nennenswerte diagnostisch auffindbare Mängel und andererseits fröhliche Exemplare, die aufgrund ihrer Röntgenbefunde eigentlich unfähig sein müssten, überhaupt noch einen Schritt zu tun.

Spezielle Untersuchungen

Diagnostische Anästhesie

Die Leitungsanästhesie ist die örtliche Betäubung von Geweben zum Zwecke der Schmerzausschaltung. Sie ist den meisten Lesern wahrscheinlich von Zahnarztbesuchen am eigenen Leib bekannt. Bei der Lahmheitsuntersuchung von Pferden macht man sie sich zunutze, um den Ursprungsort von Schmerzen genauer lokalisieren zu können. Leider ist es oftmals sehr schwierig, eine schmerzauslösende Ursache zu finden, deshalb wird die Leitungsanästhesie eingesetzt, auch wenn sie zeitaufwendig und nicht ganz risikolos ist. Es handelt

Diagnostische Möglichkeiten des Tierarztes

sich um ein sogenanntes invasives Untersuchungsverfahren. Mit der Injektion, die das Betäubungsmittel enthält, können auch Keime in den betreffenden Bereich gelangen. Es ist zwingend erforderlich, dass sehr genau unter keimfreien Bedingungen gearbeitet wird. Dafür muss die Injektionsstelle rasiert, gewaschen und desinfiziert werden. Bei akuten Lahmheiten besteht zudem das Risiko einer Verschlimmerung, da das Pferd keine Schmerzen mehr empfindet und die erkrankte Gliedmaße normal belastet. Dabei kann aus einem haarfeinen Riss in einem Knochen (Fissur) ohne Weiteres ein Bruch (Fraktur) entstehen.

Die Untersuchung beginnt vom Boden zum Körper ansteigend. Das örtliche Betäubungsmittel wird neben genau bezeichnete Nervenabschnitte gespritzt, um diese zu anästhesieren. Ist der Nerv betäubt und der Schmerz behoben, so weiß der Tierarzt, welche Strukturen der Gliedmaße durch eine Erkrankung betroffen sind. Führt die erste Injektion nicht zur Schmerzfreiheit, so wird ansteigend nach oben weiter anästhesiert, um zu einem Ergebnis zu kommen. Allerdings können an einem Tag nur eine bestimmte Anzahl von Injektionen durchgeführt werden, da sonst die Ergebnisse unklar werden und unter Umständen auch die Stehfähigkeit des Pferdes auf der betäubten Gliedmaße zu stark eingeschränkt wird.

Neben der Anästhesie von Nerven ist es auch üblich, Betäubungsmittel in Gelenke, Sehnenscheiden oder Schleimbeutel zu

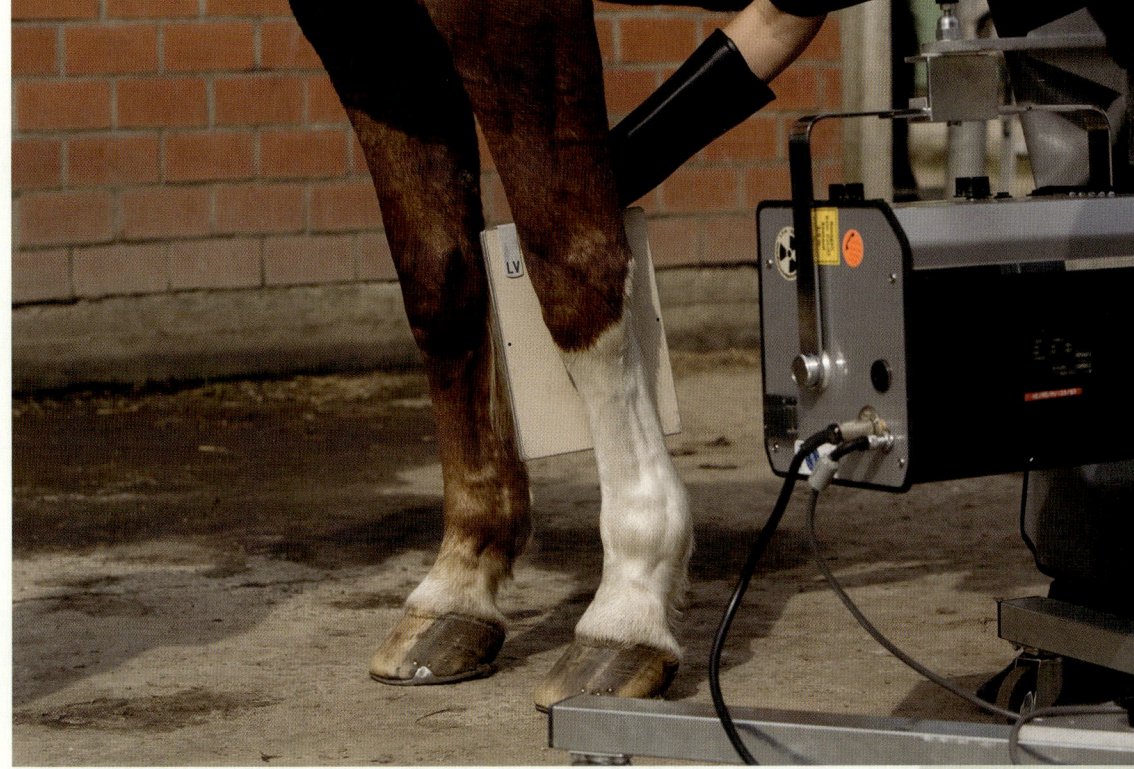

*Fast jeder Tierarzt verfügt über ein mobiles Röntgengerät, sodass das Pferd zum Röntgen nicht in eine Tierklinik gebracht werden muss.
(Foto: Becker)*

injizieren, um dort eine Schmerzausschaltung zu erreichen. Insgesamt beschränkt sich diese Untersuchungsmethode auf die Gliedmaßenbereiche unterhalb des Ellenbogen- beziehungsweise Kniegelenks. Je nach Ergebnis der diagnostischen Anästhesie werden dann Röntgenaufnahmen angefertigt.

Auch für die Durchführung dieser Untersuchung ist es wichtig, dass das Pferd sehr gut stillhält. Da die Verabreichung von Beruhigungsmitteln (Sedierung) die Ergebnisse der Lahmheitsuntersuchung stört (der natürliche Bewegungsablauf wird erschwert), kann es nötig sein, bei sehr unruhigen Pferden während der Injektion eine Oberlippenbremse anzulegen.

Röntgen
Die Röntgenuntersuchung erkrankter Gliedmaßen gehört bei der Abklärung möglicher Lahmheitsursachen zum Standard. Mithilfe der Röntgenstrahlen werden auf geeignetem Filmmaterial Aufnahmen gemacht, auf denen besonders die knöchernen Anteile von Körpern zu erkennen sind. Daher sind Röntgenaufnahmen zur Beurteilung der Knochen am besten geeignet, weniger jedoch für die Beurteilung der sie umgebenden weicheren Gewebe.

Neben der früher üblichen Filmentwicklung ist die digitale, computergestützte Röntgendiagnostik auf dem Vormarsch. Sie hat den Vorteil, dass die Bildqualität auf dem Bildschirm nachbearbeitet werden kann und die Aufnahmen ohne umständliche, zeitaufwendige Entwicklung sofort auf ihre Aussagefähigkeit vor Ort, das heißt also auch auf einem Hausbesuch, überprüft werden können.

Da die Röntgenaufnahmen das Bein quasi durchsichtig erscheinen lassen, werden vorhandene Abweichungen von der Norm unter Umständen von anderen Strukturen überlagert. Um die räumliche Lage einer Veränderung, zum Beispiel einer Wucherung von Knochengewebe, genau zu bestimmen, kann es erforderlich sein, ein Gelenk aus mehreren Perspektiven abzubilden.

Für den Untersucher ist es sehr wichtig, Aufnahmen zu erzielen, die mit anderen vergleichbar sind, damit er Abweichungen besser einordnen kann. Aus diesem Grund ist es üblich, bestimmte Gelenke immer aus bestimmten Winkeln aufzunehmen. Neben der besseren Vergleichbarkeit geben diese Standardaufnahmen auch eine große Sicherheit, nichts zu übersehen beziehungsweise zu vergessen. Es ist zudem üblich, bestimmte Gelenke auch im gebeugten Zustand zu röntgen, um die Zwischenräume besser sehen zu können. Ein Knochen im Hufbereich, das Strahlbein, wird durch Lagerung des Hufes in einer Spezialhalterung überhaupt erst klar sichtbar gemacht.

Damit die Aufnahmen eine verwertbare Qualität haben, ist es notwendig, dass das Pferd wirklich still steht. Die Feinzeichnung der Knochenstrukturen, welche so wichtig ist für die Beurteilung der Gesundheit, ist nur auf absolut scharfen, nicht verwackelten Aufnahmen zu erkennen. Meist ist es deshalb erforderlich, das Pferd leicht zu sedieren (ein Beruhigungsmittel zu spritzen), damit man den besten Untersuchungserfolg hat. Die Sedierung kann sowohl dem Pferd als auch seinem Besitzer zahlreiche Wiederholungen unscharfer Aufnahmen ersparen.

Diagnostische Möglichkeiten des Tierarztes

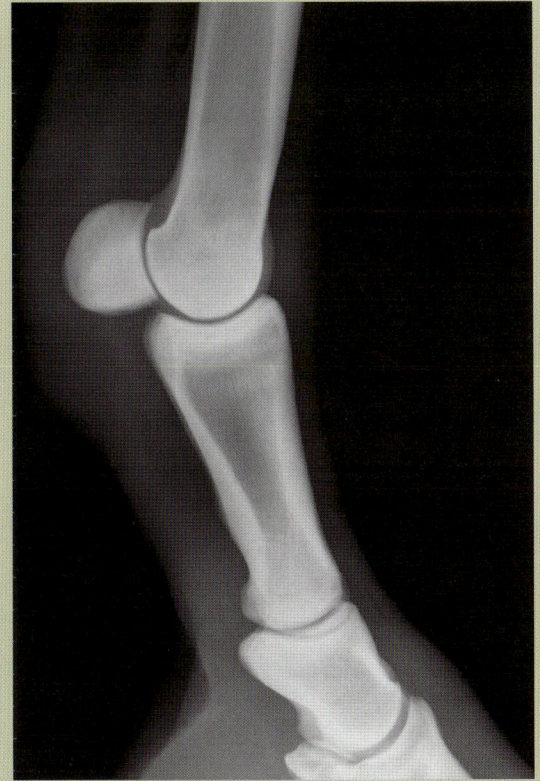
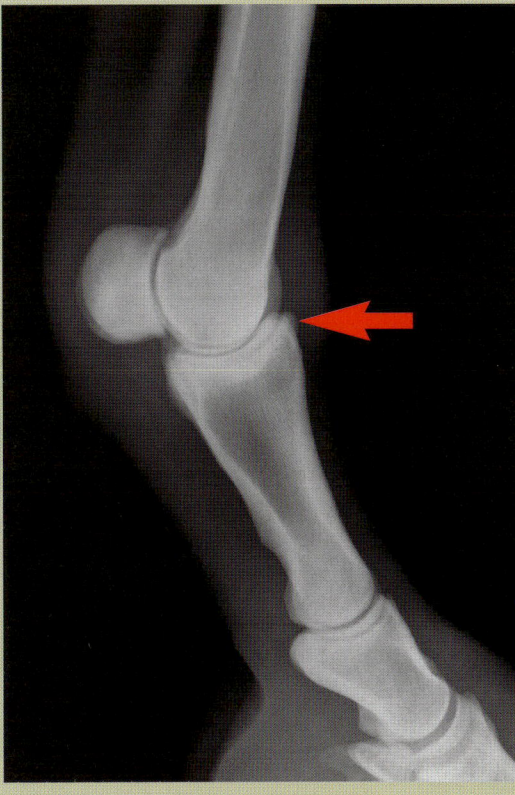

Diese Röntgenaufnahme zeigt gesunde Gelenke des Vorderbeins. *Ein Pfeil markiert hier die arthrotische Veränderung.*

(Fotos: Pferdeklinik Bargteheide)

Ultraschall (Sonographie)

Ist die Röntgenuntersuchung das gängige Mittel zur Darstellung von Knochen, so gilt das Gleiche für die Darstellung von Strukturen des Weichteilgewebes durch Ultraschall. Ultraschallaufnahmen werden daher bei Untersuchungen des Bewegungsapparates vor allem zur Beurteilung von Verletzungen der Beugesehnen und der Bänder eingesetzt. Es ist allerdings mit Einschränkungen auch möglich, diese Technik zur Darstellung von Muskeln und Gelenken sowie zur Messung der Knorpeldicke einzusetzen.

Es kann erforderlich sein, das Pferd auch hierbei ruhig zu stellen. Die zu untersuchenden Bezirke müssen rasiert werden, da die Haare die Ausbreitung der Ultraschallwellen stören. Nach einer gründlichen Reinigung wird ein Ultraschallgel aufgetragen, sodass die Schallwellen sich ungehindert zwischen Schallkopf und Körper ausbreiten können. Es ist wünschenswert, eine Dokumentation in Form eines Ausdrucks oder digital anzufertigen, um den Krankheits- beziehungsweise Heilungsverlauf beobachten zu können.

Diagnostische Möglichkeiten des Tierarztes

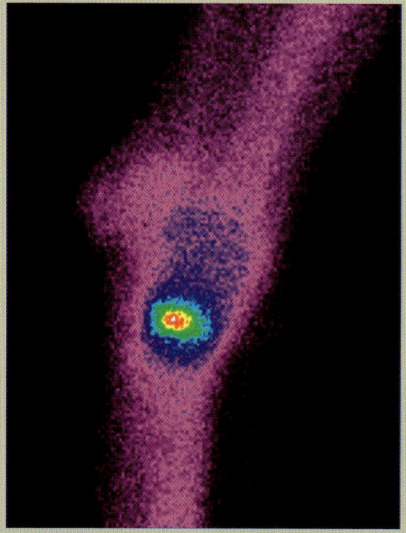

Bei dieser Szintigraphie des Sprunggelenks ist der Entzündungsherd (rot) deutlich zu erkennen.

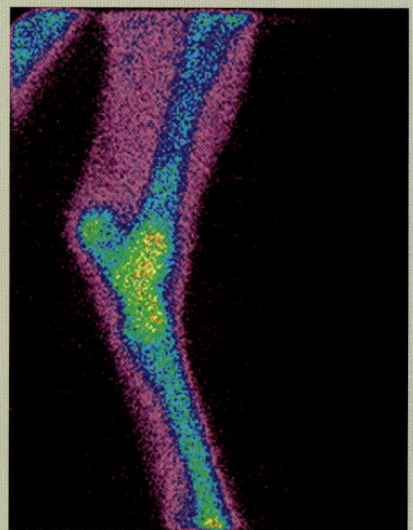

Szintigraphie eines gesunden Sprunggelenks: Die gleichmäßige Farbwiedergabe zeigt an, dass keine Entzündungen vorliegen.

(Fotos: Pferdeklinik Bargteheide)

Wärmebilddiagnostik

Es ist ohne großen Aufwand möglich, mit speziellen Kameras Aufnahmen des Körpers oder der Gliedmaßen anzufertigen, welche die unterschiedlichen Oberflächentemperaturen durch unterschiedliche Farben wiedergeben. Bei Entzündungen findet man stets einen Temperaturanstieg. In ganz akuten Situationen zu Krankheitsbeginn kann die Wärmebildkamera wertvolle Hinweise auf die Lokalisation der Erkrankung geben, wenn andere erkennbare Krankheitszeichen noch nicht vorhanden sind. In chronischen Fällen und beim Vorliegen mehrerer Veränderungen hilft sie, den Ort der Entzündung zu lokalisieren, um daraufhin gezielt therapieren zu können.

Szintigrafie

Für dieses bildgebende Verfahren werden radioaktive Substanzen (Isotope) an besondere chemische Verbindungen gekoppelt, die sich bevorzugt in bestimmtem Gewebe ablagern, in diesem Fall entzündlich verändertem Knochengewebe. Diese radioaktiven, aber ungefährlichen Substanzen werden injiziert. Nach einer bestimmten Zeit werden mit einem nuklearmedizinischen Gerät die Stellen der erhöhten Strahlungsintensität gemessen und bildlich wiedergegeben. Auf der Darstellung erkennt man die Entzündungsbezirke durch intensive Farbwiedergabe. Auf diesem Wege lassen sich tiefliegende Entzündungsherde wie zum Beispiel in den Hüftgelenken darstellen, die etwa einer Röntgen- oder Wärmebilduntersuchung nur schwer zugänglich sind.

Sehr nützlich kann diese Untersuchungsmethode zum Auffinden relativ frischer Knochenschädigungen sein, die röntgenologisch (noch) unauffällig sind. Bei lange bestehenden, chronischen Veränderungen hingegen ist die Anreicherung der radioaktiven Substanzen unter Umständen nur gering und die Interpretation der Befunde daher schwierig.

Die Ausscheidung der radioaktiven Substanzen erfolgt über die Nieren und die Blase, die Pferde müssen deshalb nach Abschluss der Untersuchung noch einen Tag in der Klinik bleiben, damit die radioaktiven Substanzen dort gesammelt und entsorgt werden können.

Magnetresonanztomografie (MRT) und Computertomografie (CT)

Beides sind technisch sehr aufwendige Verfahren, die nur von großen Kliniken und Universitätskliniken angeboten werden. Das Prinzip ist die Darstellung von Körpern im Querschnitt in millimeterdünnen „Scheiben". Hierbei können tatsächlich allerfeinste Details und Abweichungen vom Gesunden festgestellt und in hervorragender Bildschärfe dokumentiert werden. Die Überlagerung der sichtbaren Knochen wie etwa beim Röntgen entfällt. Durch verschiedene Einstellungen können die einzelnen Gewebe unterschiedlich kontrastreich dargestellt werden, je nach Bedarf zum Beispiel das Knochen- oder das Weichteilgewebe. Die Bearbeitung mit dem Computer erlaubt auch, andere Perspektiven der Gliedmaße darzustellen als „nur" den Querschnitt. So kann der Untersucher sich eine dreidimensionale Vorstellung von der Lage einer Veränderung verschaffen.

Für diese Art der Darstellung ist es erforderlich, den Körper rundum aufzunehmen. Er muss daher in die sogenannte „Röhre" geschoben werden. Für die Untersuchung von Pferden bedeutet dies: Der Patient bekommt eine Vollnarkose und es sind, bedingt durch die Körpergröße des Pferdes, keine Ganzkörperuntersuchungen wie beim Menschen möglich. Es können nur die Gliedmaßen und/oder Kopf und Hals untersucht werden. Untersuchungen des Hufbereichs sind unter Umständen am stehenden, sedierten Pferd möglich.

Beide Verfahren, die nur in spezialisierten Kliniken angeboten werden, bieten also beste bildliche Darstellung zum höchsten Preis, verbunden mit dem Risiko einer Vollnarkose. Bei der Computertomografie kommt es zu einer – bei Pferden weniger als beim Menschen bedeutsamen – Belastung des Körpers mit Röntgenstrahlen. Diese entfällt bei der MRT-Untersuchung, die dafür allerdings wesentlich länger dauert und sich vor allem für die Untersuchung von Weichteilerkrankungen eignet.

Gelenkspiegelung (Arthroskopie)

Die Gelenkspiegelung (Arthroskopie) ist ein operativer Eingriff unter Vollnarkose. Mit einem Spezialinstrument, dem Endoskop, wird ein unmittelbarer Blick in den Innenraum von Gelenken möglich. Das Endoskop ist ein sehr feines Instrument, das durch einen winzigen Schnitt eingeführt werden kann und an seinem vorderen Ende eine Kamera und eine Lichtquelle besitzt. Die Kamera überträgt das Bild auf

Diagnostische Möglichkeiten des Tierarztes

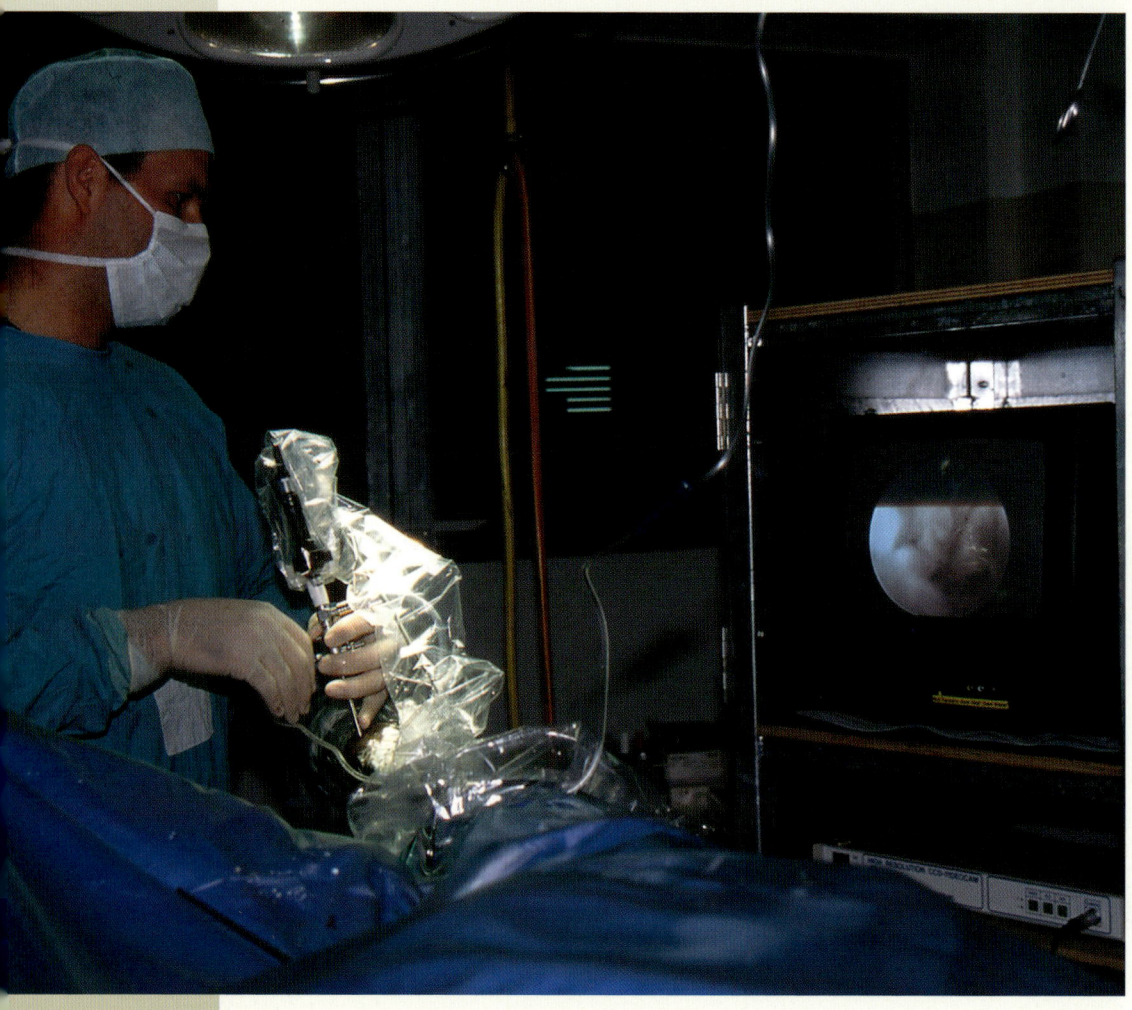

*Bei der Gelenkspiegelung kann der Tierarzt sich nicht nur einen genauen Überblick vom Zustand des Gelenks verschaffen, sondern gegebenenfalls auch gleich operativ tätig werden.
(Foto: Slawik)*

einen Monitor. Auf diese Weise lassen sich Knorpeloberflächen, Innenflächen von Gelenkkapseln und im Gelenk liegende Bänder direkt begutachten. Bänderverletzungen am Kniegelenk beispielsweise lassen sich weder durch röntgenologische noch durch andere bildgebende Verfahren diagnostisch so eindeutig abklären wie durch die Arthroskopie.

Bestimmte Gelenke, zum Beispiel das Kniegelenk, sind der arthroskopischen Untersuchung allerdings nur begrenzt zugänglich, da der Gelenkraum aus anatomischen Gründen nur teilweise und unvollständig eingesehen werden kann.

Eine spezielle Therapie ist im Rahmen der Arthroskopie insofern möglich, als dass gleichzeitig mit einem Instrument Knorpelschäden geglättet werden und Knorpelabsprengungen (Chips) entfernt werden können. Zerfetzte Bänderanteile, frei im Gelenkraum liegende Fibrinablagerungen und Ähnliches kann entfernt werden. Die gesamte Gelenkhöhle kann gespült werden

Diagnostische Möglichkeiten des Tierarztes

(Lavage) und mit geeigneten Medikamenten behandelt werden.

Die Arthroskopie muss wegen der Infektionsgefahr unter sehr strengen Hygienebedingungen erfolgen. Nach Abschluss von Untersuchung und Behandlung werden die kleinen Schnitte sorgfältig verschlossen.

Auswertung

Ganz allgemein kann man sagen: Jedes Untersuchungsverfahren ist nur so gut wie der Untersucher, der in der Lage ist, es auszuwerten. Das Können und die Erfahrung des Untersuchers, beginnend bei der ganz alltäglichen Lahmheitsuntersuchung, sind entscheidend für die Erkenntnisse, die aus einer Untersuchung erwachsen. Weiterhin bedeutsam sind die Geduld und Genauigkeit, mit der die Auswertung der Befunde erfolgt. Noch einmal: Die Wertigkeit von Untersuchungsbefunden ist nur im Zusammenhang mit dem klinischen Krankheitsbild festzustellen! Viele Befunde sind sogenannte „Zufallsbefunde", die bei eingehenden Untersuchungen zufällig festgestellt werden, die aber für das momentane Leiden des Pferdes keine Rolle spielen.

Bei schwierigen Diagnosen ist es durchaus ratsam, einen orthopädisch ausgebildeten Fachtierarzt beziehungsweise eine Klinik zu konsultieren. Als Mensch wird man ja auch zum Facharzt überwiesen, wenn der Hausarzt dies für erforderlich hält.

In jedem Fall ist eine korrekte Diagnose, auch wenn sie teuer wird, die Grundlage für eine angemessene und hilfreiche Therapie.

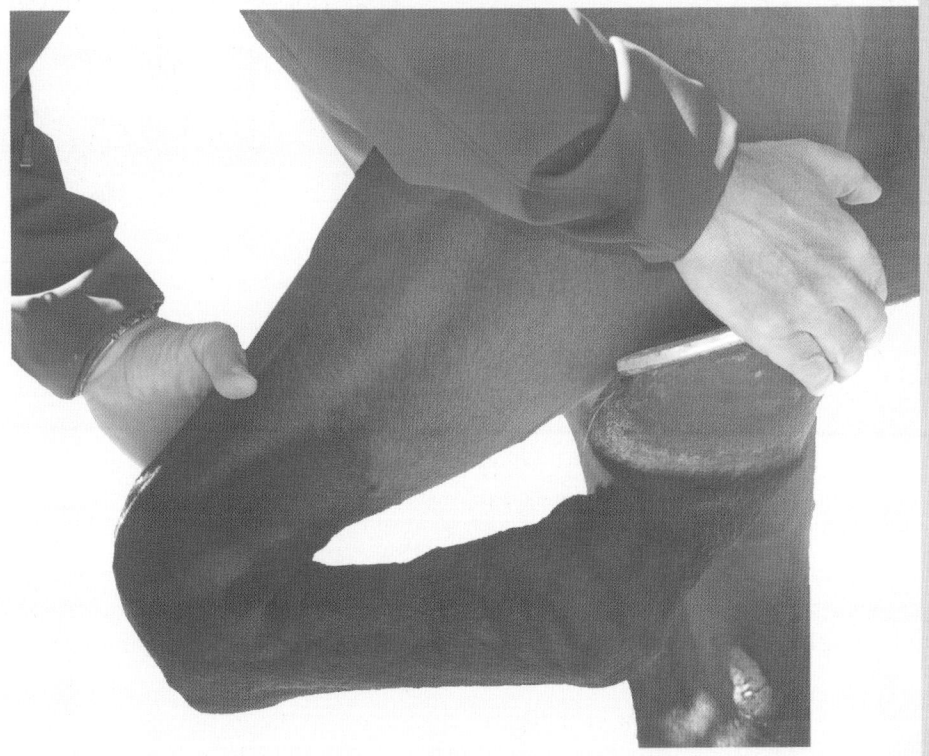

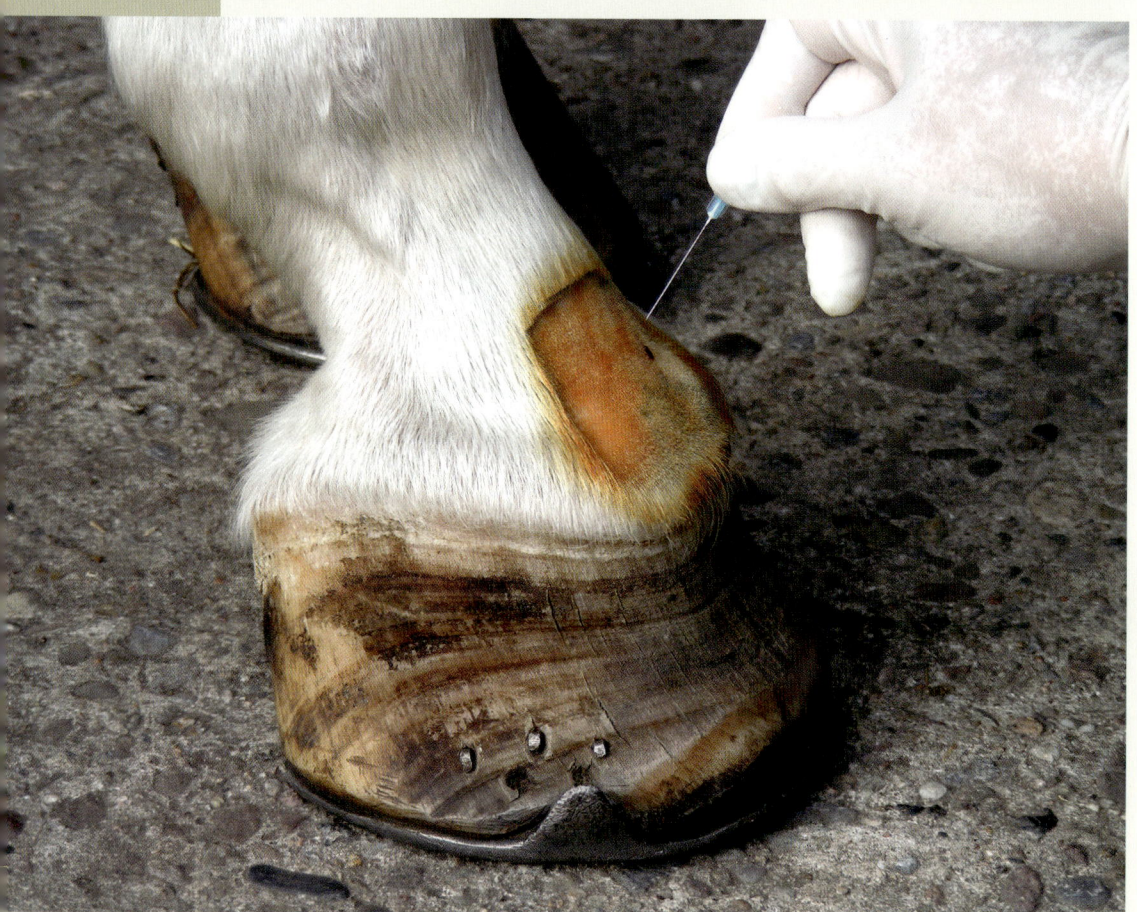

Eine Injektion in das Gelenk kann für Diagnose und Therapie erforderlich sein. (Foto: Janßen)

Medizinische Behandlungsansätze

Dieses Kapitel stellt die Möglichkeiten und Grenzen der verschiedenen schulmedizinischen Therapieansätze bei der Arthrose dar. Die Behandlung dieser Erkrankung ist vielfältig. Sie hängt stark ab von dem individuellen Krankheitsbild des betroffenen Pferdes, aber beispielsweise auch von seinem Alter, seiner Rasse und seiner Nutzungsart. Allgemeine Therapieempfehlungen sind deshalb nicht möglich und auch nicht ratsam – letztlich obliegt es dem behandelnden Tierarzt, in Absprache mit dem Pferdebesitzer den bestmöglichen Behandlungsweg zu wählen.

Medizinische Behandlungsansätze

Erstbehandlung

Die Erstbehandlung bezieht sich in vielen Fällen auf eine akut aufgetretene Lahmheit. Bei der ersten Feststellung einer Lahmheit, noch vor der tierärztlichen Untersuchung, ist es von größter Wichtigkeit, dem Pferd Schonung zu gewähren, das bedeutet: keine Arbeit, keine Matschpaddocks und Buckelweiden, keine engen Ausläufe mit zahlreichen Artgenossen, sondern Boxenruhe (aber nicht allein im Stall!). Dies gilt insbesondere bei hochgradigen Lahmheiten. Zumindest jedoch sollte man die Bewegung auf einen gut befestigten, ebenen Auslauf mit bestenfalls einem befreundeten und ruhigen Artgenossen beschränken.

Diese einfache Maßnahme der Schonung des erkrankten Tieres lässt sich durch jeden Besitzer und jeden Stallbetreiber mit minimalem Aufwand realisieren und kann doch so viele Krankheitsverschlimmerungen verhindern. Wie oft bekommt man zu hören: „Ach, der ‚tickt' ein bisschen, morgen ist das wieder weg …" Möglicherweise ist es so, aber genauso kann es morgen schon für eine vollständige Ausheilung zu spät sein!

Über die medizinische Erstbehandlung entscheidet der Tierarzt nach seiner Untersuchung. Meist ist es ratsam, akute Entzündungen durch Kühlung, zum Beispiel in Form von Kaltwasserbädern und eventuell Angussverbänden, zu mildern. Verletzungen und Wunden müssen natürlich

Sobald man eine Lahmheit festgestellt hat, gilt bis zur Diagnosestellung immer: Das Pferd gehört in die Box!
(Foto: Slawik)

Medizinische Behandlungsansätze

vom Tierarzt versorgt werden, der Tetanus-Impfschutz muss überprüft werden.

Der Einsatz von Medikamenten richtet sich nach dem Einzelfall. Im Folgenden werden gängige Medikamentengruppen vorgestellt, die sowohl bei akuten Arthritiden als auch bei Arthrosen Anwendung finden.

Einsatz von Arzneimitteln

Entzündungshemmer

Man unterscheidet in dieser Gruppe die nicht-steroidalen und die steroidalen Entzündungshemmer (Antiphlogistika). Beide greifen in die sogenannte Entzündungskaskade ein, das heißt, sie unterbrechen Stoffwechselwege, die im Körper während der Entstehung einer Entzündung beschritten werden. Hierbei geht es insbesondere um die Unterdrückung der Produktion von Prostaglandinen am Entzündungsort. Prostaglandine gehören zu den bereits erwähnten Entzündungsmediatoren, welche die Veränderung der Gelenkflüssigkeit in die Wege leiten. Dies führt dazu, dass die Knorpeloberfläche angegriffen wird und letztendlich degeneriert. Neben dieser schlimmen Reaktion sind die Prostaglandine auch für die Schmerzentwicklung verantwortlich. Die Wirkung der nicht-steroidalen Antiphlogistika ist eine doppelte: Die Entzündungs- und Degenerationsvorgänge im Gelenk werden gehemmt, zugleich wird die Schmerzentwicklung am Ort des Entstehens reduziert. Sie gehen also in ihrer Wirkung weit über ein „normales" Schmerzmittel hinaus, das zwar die Schmerzrezeptoren im Gehirn blockiert (und damit das Schmerzempfinden), aber nicht die Ursache behebt. Diese heilsame Zweifach-Wirkung ist vielen Besitzern nicht bewusst, die meinen, sie würden ihrem Pferd doch „nur" ein Schmerzmittel geben.

Nicht-steroidale Antiphlogistika kommen sehr häufig zum Einsatz, sowohl bei frischen Erkrankungen als auch bei akuten Schüben chronischer Entzündungen. Da die wiederkehrenden Entzündungsschübe maßgeblich zur Verschlimmerung des Krankheitsbildes beitragen, ist es von entscheidender Bedeutung, ihnen möglichst schon im Ansatz entgegenzuwirken.

Diese Medikamente können injiziert werden, jedoch nicht ins erkrankte Gewebe. Sie werden deshalb meist täglich mit dem Futter verabreicht. Einige Pferde können bei einer Langzeitbehandlung, die Wochen bis Monate dauert, mit Magenschleimhautentzündungen bis zu Magengeschwüren reagieren. Nach Möglichkeit wird deshalb die Anwendung zeitlich auf einige Tage begrenzt.

Die steroidalen Antiphlogistika sind die Kortisone. Sie wirken ähnlich wie die nicht-steroidalen Entzündungshemmer, haben allerdings stärkere Nebenwirkungen. Hier sind insbesondere eine Schwächung der Abwehrlage, also eine vergrößerte Infektionsgefahr, zu nennen sowie eine Verlangsamung von Heilungsprozessen. Die Kortisone eignen sich auch zur Injektion direkt in das erkrankte Gelenk. Je nach Substanz und chemischer Zubereitung kann die Wirkung im Gegensatz zu den nicht-steroidalen Entzündungshemmern längere Zeit, also mehrere Tage bis Wochen, anhalten. Von einer Dauertherapie ist abzuraten, da Gewöhnungseffekte eintreten und immer höhere Dosen notwendig werden, um den vormaligen Erfolg zu

Medizinische Behandlungsansätze

erzielen. Im gleichen Maße nehmen auch die Nebenwirkungen zu.

Hyaluronsäure

Eine Therapie mit Hyaluronsäure bedeutet eine Unterstützung des Organismus mit einem natürlichen Bestandteil des Gelenks. Sie ist also weniger ein pharmakologischer Eingriff in die ablaufenden Krankheitsvorgänge, sondern vielmehr eine Versorgung des Organismus mit einem körpereigenen Stoff, der im erkrankten Gelenk dringend benötigt wird.

Die Hyaluronsäure ist Bestandteil der oberen Knorpelschicht und der inneren Schicht der Gelenkkapsel. Sie ist verantwortlich für die Viskosität der Gelenkflüssigkeit und die Gleitfähigkeit der Innenseite der Gelenkkapsel. Sie sorgt neben dem Flüssigkeits- und Nährstofftransport im nicht durchbluteten Gelenkbereich für den schnellen Abtransport schädlicher Stoffe über die Lymphbahnen. Mit ihrem hohen Wassergehalt sorgt sie für die Durchsaftung der am Gelenk beteiligten Gewebe. Sie wirkt entzündungshemmend, da sie wie eine Barriere zum Beispiel die rasche Einwanderung weißer Blutkörperchen abblockt. Diese Blutkörperchen geben Enzyme ab, die nicht nur die Zersetzung des Knorpels bewirken, sondern im weiteren Verlauf der Entzündung auch die Hyaluronsäure und in der Folge die Knorpeloberflächen zerstören. Der Knorpel fasert auf, verliert seine Elastizität und Festigkeit, der Erkrankung des darunterliegenden Knochens werden Tür und Tor geöffnet, die Schmerzrezeptoren liegen ungeschützt und werden permanent gereizt.

Umfangsvermehrungen und Schwellungen an Gelenken deuten auf entzündliche Prozesse hin, bei denen eine Behandlung mit Hyaluronsäure angezeigt sein kann. (Foto: Becker)

Medizinische Behandlungsansätze

Bei der Verabreichung von Hyaluronsäure durch den Tierarzt ist es nicht erforderlich, das erkrankte Gelenk direkt zu behandeln. Auch eine Injektion ins Blut oder die Verabreichung über das Futter sind wirksam, denn die Substanz dringt über die Blutgefäße ins kranke Gelenk, und zwar nur ins kranke Gelenk ein, weil dort die körpereigene Hyaluronsäure ihre Barrierefunktion nicht mehr ausübt und das große Molekül aus dem Gefäß austreten kann. Beim Eintritt in das Gelenk über die Schichten der Gelenkkapsel werden ihre Zellen angeregt, selbst wieder Hyaluronsäure zu produzieren. Damit gibt die zugeführte Substanz quasi einen Anstoß zur Selbstheilung des Gelenks. Zugleich wirkt sie schmerzstillend durch die Blockade der Schmerzrezeptoren.

Die entzündungshemmende Wirkung der injizierten Substanz ist bis 50 Tage nach der letzten Behandlung nachgewiesen, alle erkrankten Gelenke werden zugleich behandelt, es gibt kein Infektionsrisiko wie bei einer Injektion unmittelbar ins Gelenk und die Substanz ist bei intravenöser Gabe sehr gut verträglich.

Das Haupteinsatzgebiet für die Hyaluronsäure ist die akute Gelenkentzündung, da es um die Heilung beziehungsweise Verhinderung der allerersten Entzündungserscheinungen am Gelenk geht. Ist das Gelenk erst einmal deformiert, kann die Hyaluronsäure keine Wunder mehr bewirken. Sie kann jedoch nach einem chirurgischen Eingriff die Heilung deutlich unterstützen oder auch in Kombination mit anderen Medikamenten eingesetzt werden, um den Knorpel in seiner Funktion auch am geschädigten Gelenk zu unterstützen.

Physikalische Therapien

Wärme- und Kältebehandlungen

Diese Formen der Therapie sind von alters her bekannt. Kälte stellt die Blutgefäße eng und vermindert besonders in akuten Zuständen die Entwicklung starker Schwellungen im Bindegewebe. Darüber hinaus wirkt sie schmerzlindernd. Lässt die Kältewirkung nach, werden die Blutgefäße reflektorisch weit gestellt und bewirken so einen erhöhten Stoffwechsel und Abtransport von Schlacken. Zur Kältetherapie ist

Medizinische Behandlungsansätze

ein Wasserschlauch nicht ausreichend – sie muss mit Eis oder speziellen Kühlgamaschen durchgeführt werden. Nach vier bis sechs Minuten ist die Gefäßverengung eingetreten – länger sollte die Kühlung nicht durchgeführt werden, da sich der erwünschte Effekt nicht weiter steigern lässt. Möglicherweise könnten sonst auch Gewebsschäden eintreten. Nach sechs bis zwölf Minuten folgt dann die Phase der verstärkten Durchblutung.

Wärmebehandlungen hingegen sind geeignet, chronische Veränderungen zu reaktivieren und darüber hinaus Schmerzen zu lindern. Mit speziellen Infrarotstrahlen wird mit neueren Geräten von manchen Kliniken versucht, tiefere Schichten des Gewebes zu erreichen. Normale Strahlungswärme dringt nicht tief genug ins Gewebe ein, deshalb sind zum Beispiel Wärmegamaschen nicht unbedingt heilend, werden aber unter Umständen vom Tier als angenehm empfunden.

Daneben gibt es zahlreiche lokal anwendbare Produkte, welche je nach Situation und Lage des Falls vom Tierarzt abgegeben werden.

Magnetfeldtherapie, Laserlichtbehandlung

Bei der pulsierenden Magnetfeldtherapie werden der Körper oder Körperteile des erkrankten Tieres einem wechselnden Magnetfeld ausgesetzt. Hierdurch wird der Stoffwechsel im erkrankten Gewebe stark angeregt.

Ein ähnliches Wirkungsprinzip liegt der Laserlichtbehandlung zugrunde. Die gebündelten Lichtstrahlen unterschiedlicher Wellenlängen haben eine bioaktive Wirkung auf geschädigtes Gewebe.

Beide Verfahren sind keine tierärztlichen Standardverfahren. Ihre tatsächliche Wirksamkeit unterliegt immer noch wissenschaftlichen Diskussionen.

Behandlung mit Röntgenstrahlen

Die Strahlentherapie ist seit Jahrzehnten eine bekannte und bewährte Therapieform in der Humanmedizin. In die Veterinärmedizin hat sie erst seit wenigen Jahren Einzug gehalten und wird nur in einzelnen, spezialisierten Kliniken durchgeführt. Die Röntgenreiztherapie arbeitet mit einer sehr geringen Strahlendosis, die vom Körper nebenwirkungsfrei vertragen wird. Die Strahlendosis beträgt nur etwa ein Zehntel dessen, was zur Behandlung von bösartigen Tumorerkrankungen erforderlich ist, und wird auf mehrere Behandlungen verteilt. Allerdings ist für jede Bestrahlung eine Sedierung des Pferdes erforderlich, da das Tier einige Minuten vollkommen still stehen muss, während Besitzer und Personal den Röntgenraum verlassen.

Es sind bereits wirklich gute Erfolge in der Behandlung von Hufrollen- und Sehnenansatzentzündungen erzielt worden, wenngleich es noch keine auswertbaren Statistiken gibt. Die Strahlentherapie eignet sich aber auch für andere Veränderungen, am besten solche, die noch nicht allzu lange bestehen. Nur bei jahrelang vorliegenden Arthrosen mit starken Deformationen ist keine Hilfe möglich.

Die Wirkungsweise ist nicht vollkommen geklärt. Es erfolgt eine verstärkte Durchblutung, somit eine Anregung des Stoffwechsels sowie eine Änderung des pH-Wertes, der sich im kranken Gelenk im sauren Bereich bewegt, hin zum normalen, leicht alkalischen Bereich. Dieser

Medizinische Behandlungsansätze

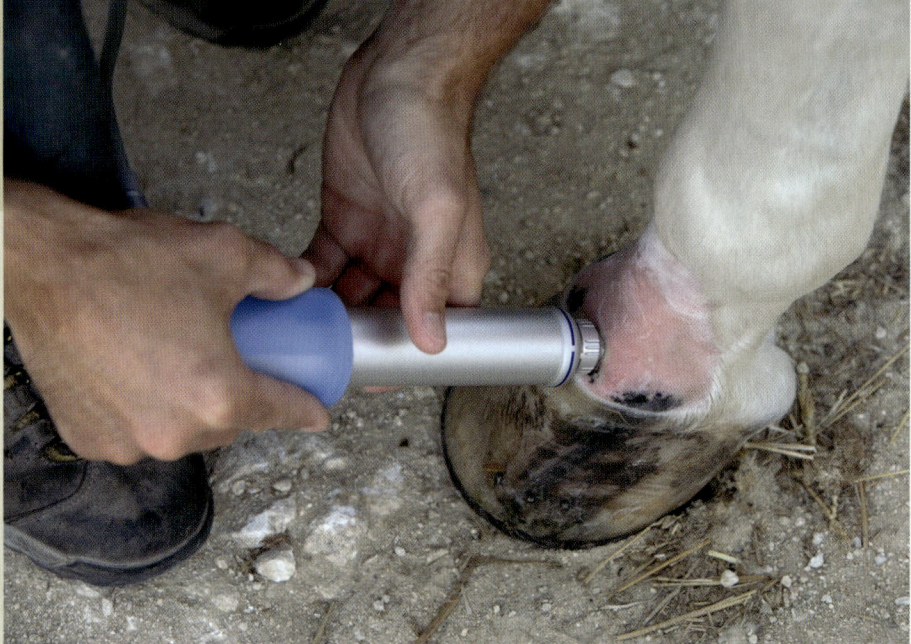

Die Stoßwellentherapie ist nicht ungefährlich und sollte daher nur von erfahrenen Therapeuten angewendet werden. (Foto: Slawik)

Umschwung begünstigt die Regeneration der Gelenkflüssigkeit und der damit in Zusammenhang stehenden Knorpelbestandteile sowie eine deutliche Schmerzlinderung.

Stoßwellentherapie

Stoßwellen werden im humanmedizinischen Bereich sehr gezielt therapeutisch eingesetzt, um durch die Wucht der gebündelten Druckwellen Verkalkungen (zum Beispiel Nierensteine) aufzulösen und umliegendes Gewebe zu schonen. Die Beobachtung, dass sich das Knochengewebe im behandelten Bereich kräftigte und die Knochendichte zunahm, machte man sich in der Orthopädie zunutze, um chronische Prozesse zu reaktivieren, den Stoffwechsel in Gang zu bringen und die Heilungsneigung, die bei chronischen Gelenkerkrankungen sehr schwach ist, wieder zu verbessern. Bei Pferden wird dieses Verfahren häufig zur Behandlung von Hufrollenentzündungen eingesetzt, ist aber auch für andere Gliedmaßenbereiche anwendbar. Dieses sehr spezielle Verfahren ist dafür eingerichteten Kliniken vorbehalten, da der Einsatz der nicht ungefährlichen Stoßwellen große Erfahrung erfordert.

Meist sind zwei bis vier Behandlungen im Abstand von drei bis vier Wochen erforderlich. Hierfür muss das Pferd sediert werden.

Biotechnologische Verfahren

Es handelt sich hierbei um moderne Verfahren, bei denen aus dem Blut des Patienten bestimmte Substanzen gewonnen

Medizinische Behandlungsansätze

werden, die anschließend ins kranke Gelenk injiziert werden. Diese Substanzen sind Gegenspieler zu den anfangs erwähnten Entzündungsmediatoren und beenden bei Injektion ins Gelenk nicht nur die Entzündung, sondern unterstützen auch die Knorpelregeneration, wirken also auch deutlich schmerzlindernd. Die Behandlungen werden dreimal im Abstand von acht bis vierzehn Tagen wiederholt. Besonders wirksam sind sie im Anschluss an eine Arthroskopie (siehe unten).

Neuerdings versucht man, durch die Injektion von Stammzellen ins geschädigte Gewebe eine Regeneration herbeizuführen. Stammzellen haben die Eigenschaft, sich je nach Umgebung zu allen Arten unterschiedlicher Körperzellen entwickeln zu können und die Aufgaben dieser Zellen zu übernehmen. Sie ersetzen also zugrunde gegangenes Zellmaterial, das keine Regenerationsfähigkeit mehr besitzt. Stammzellen werden durch Knochenmarkpunktion (beim Pferd aus dem Brustbein) gewonnen. Das Knochenmark wird in spezialisierten Labors zur Injektion aufbereitet und die Stammzellen in Kulturen vermehrt. Das Verfahren ist sehr kostspielig, der Erfolg (noch) nicht gesichert.

Chirurgische Therapien

Gelenkspiegelung (Arthroskopie)

Die Arthroskopie bietet nicht nur die Möglichkeit, ein Gelenk von innen zu begutachten (siehe Seite 37). Zugleich kann sie auch therapeutisch eingesetzt werden, indem Knorpelschuppen, die noch in der Knorpeloberfläche liegen, entfernt und die Ränder abgetragen werden. Angeraute Knorpeloberflächen werden ebenfalls geglättet. Frei im Gelenk schwimmende Knorpelfragmente („Corpora libera") werden herausgenommen, zerfetzte Bänder oder Bandanteile entfernt. Auch zerstörte Teile des Meniskus im Kniegelenk können herausgelöst werden. Wenn die Innenseite der Gelenkkapsel von wuchernden Zotten besetzt ist, können diese weggeschnitten werden, sodass das Gelenk wieder beweglicher wird. Eine abschließende Gelenkspülung entfernt Entzündungsmediatoren, Enzyme, rote und weiße Blutkörperchen und eventuelle Reste der durchgeführten Behandlung.

Abschließend werden Antibiotika und regenerationsfördernde Substanzen in die Gelenkhöhle gegeben.

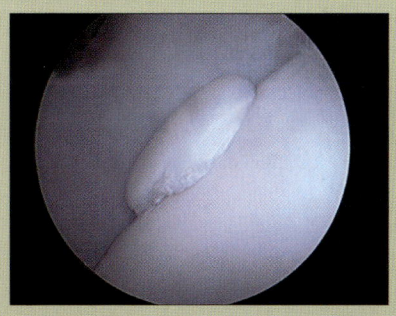
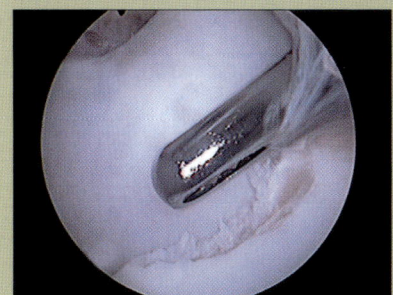

Bei dieser Arthroskopie des Fesselgelenks wurde der Chip (Bild oben) entfernt. Mit dem sogenannten Arthroshaver (Bild unten) werden anschließend die Gelenkstrukturen, an denen sich der Chip befand, geglättet.
(Fotos: Pferdeklinik Bargteheide)

Medizinische Behandlungsansätze

Es handelt sich um ein gängiges Verfahren, welches in hierin erfahrenen Kliniken regelmäßig angewendet wird. Über Sinn und Nutzen einer Arthroskopie muss der behandelnde Tierarzt im Einzelfall entscheiden.

Auskratzen von Zysten (Kürettage)

Wurden bei einer vorhergehenden Röntgenuntersuchung Zysten diagnostiziert, so können diese, je nach Lage und Gelenk, ebenfalls im Zuge einer Arthroskopie ausgeschabt werden (Kürettage). Da die Zystenwand mit einer Membran ausgekleidet ist, welche die Auflösung des Knochens (Osteolyse) verursacht, muss diese Membran vollständig herausgelöst werden, um die kontinuierliche Vergrößerung der Zyste zu beenden. Zunächst wird der über der Zyste befindliche Knorpel entfernt, danach die Zyste komplett ausgeschabt. Nachdem die Membran entfernt ist, wird der Defekt mit einem geeigneten Knochenzement aufgefüllt. Auch hier wird eine abschließende Gelenkspülung durchgeführt.

Leider sind viele Zysten aufgrund ihrer Lage im Knochen einer chirurgischen Therapie nicht oder nur sehr schwer zugänglich. Bei der Operation darf nicht zu viel gesundes Gewebe zerstört werden. Erfahrene Chirurgen können im geeigneten Einzelfall sehr gute Erfolge erzielen.

Chirurgische Therapien an Sehnen und Bändern

Diese Therapien sind sehr vielfältig und vom jeweiligen Krankheitsfall abhängig. Eine sinnvolle Ausführung würde den Rahmen des Buches sprengen, zumal diese Erkrankungen auch vollkommen unabhängig von Gelenkerkrankungen auftreten.

Versteifung von Gelenken (Arthrodese)

Wenn die Schädigung des Gelenks sehr weit fortgeschritten ist, kann man, wenn es sich um ein hierfür geeignetes Gelenk (zum Beispiel das Sprunggelenk) handelt, eine Versteifung in Betracht ziehen. In einer Operation unter Vollnarkose werden, meist mithilfe eines Bohrers, die Knorpelflächen der Gelenke weitgehend zerstört. Die Bohrkanäle werden gespült und mit einem geeigneten Ersatzmaterial gefüllt. Die so entstandenen Kontaktflächen der Knochen verwachsen miteinander, da der Knorpel fehlt. Nach einer Heilungsdauer von einigen Wochen bis Monaten ist das Gelenk versteift. Das Pferd hat eine deutliche Schmerzlinderung oder sogar Schmerzfreiheit und kann eventuell sogar weiter gearbeitet werden. Allerdings ist der Bewegungsablauf, bedingt durch die fehlende Beugefähigkeit des operierten Gelenks, weniger geschmeidig.

Die Versteifung von Gelenken kann auch am Ende langwieriger, chronischer Gelenkentzündungen vom Körper selbst herbeigeführt werden, indem immer mehr knöchernes Material rund um das Gelenk gebildet wird. Man bezeichnet dies medizinisch als Ankylose, im Volksmund als „Schale". Der Name rührt daher, dass man meinen könnte, das Gelenk sei von einer Schale aus Knochen eingehüllt. Mit der völligen Versteifung ist meistens eine deutliche Reduzierung der Schmerzen verbunden, aber auch eine starke Bewegungseinschränkung.

Medizinische Behandlungsansätze

Nervenschnitt (Neurektomie)

Wenn alle anderen tierärztlichen Therapien ausgeschöpft wurden, kann als letzte Möglichkeit ein Nervenschnitt in Erwägung gezogen werden. Mit der Durchtrennung eines Nervs wird im davon versorgten Körperbereich völlige Schmerzfreiheit erzielt. Zugleich wird aber auch die willkürliche Beeinflussung durch Nervenimpulse unmöglich gemacht. Es versteht sich daher von selbst, dass für diese Therapie nur sehr weit am Ende von Gliedmaßen verlaufende Nerven infrage kommen. Ansonsten kommt es zu so starken Lähmungserscheinungen, dass das Pferd die Steh- und Gehfähigkeit verliert.

Häufigere Anwendung findet man bei Arthrosen im Hufgelenkbereich. Die neurektomierten Pferde können oft noch jahrelang schonend gearbeitet werden. Die Besitzer müssen allerdings vor der Operation mit den Risiken vertraut gemacht werden. Dazu gehören ein Nachlassen der Trittsicherheit und gelegentlich ein Verlust des Hufschuhs („Ausschuhen") nach der Operation.

Da das Pferd keine Schmerzen mehr empfindet, setzt es die kranke Gliedmaße genauso ein wie eine gesunde. Der Schutzmechanismus des Schmerzes versagt, die eigentliche Erkrankung schreitet daher unter Umständen schneller voran als ohne Neurektomie. Ein Nervenschnitt fällt ebenso wie die Therapie mit Antiphlogistika unter das Dopingverbot.

Eine Sonderform stellt die periarterielle Sympathektomie dar. Hierbei wird über einige Zentimeter Länge an der Mittelfußarterie die äußere Schicht der Gefäßwand entfernt. In dieser Wandschicht befinden sich Nervenfasern, die schmerzbedingt eine andauernde, reflektorische Engstellung der hier verlaufenden Arterien verursacht haben. Die dauerhafte Minderdurchblutung behindert die Heilungsvorgänge und verstärkt degenerative Prozesse im erkrankten Bereich.

Die Durchtrennung der dafür verantwortlichen Nervenbahnen in der Gefäßwand stellt die ursprüngliche Durchblutungssituation und damit eine verbesserte Heilungstendenz wieder her. Dieses Verfahren hat bereits gute Resultate erzielt, ohne die Nachteile einer oben beschriebenen Neurektomie zu haben.

Orthopädischer Hufbeschlag

Bei vielen Formen von Arthrose kann ein geeigneter Beschlag die tierärztliche Therapie wesentlich unterstützen. Er soll den Bewegungsablauf erleichtern und die erkrankten Gliedmaßenbereiche nach Mög-

Ein spezieller Beschlag kann, wenn er den individuellen Bewegungsablauf erleichtert, die Arthrosetherapie wesentlich unterstützen. (Foto: Becker)

Medizinische Behandlungsansätze

lichkeit schonen. Entscheidend ist neben dem Können und der Ausbildung des Hufschmieds die Zusammenarbeit mit dem behandelnden Tierarzt, um ein optimales Resultat zu erzielen und gemeinsam den Beschlag immer wieder der veränderten Krankheitssituation anzupassen.

Es liegt auf der Hand, dass ein spezieller orthopädischer Beschlag, unter Umständen sogar mit handgeschmiedeten Eisen, teurer ist als ein gewöhnlicher Beschlag. Auf keinen Fall sollte der Besitzer versuchen, Geld zu sparen, indem er zum Beispiel die Beschlagsintervalle verlängert. Schon für gesunde Pferde ist es eine erhebliche Mehrbelastung, wenn die Zehe zu lang wird, die Trachten abgenutzt werden und dadurch der gesamte Beugeapparat stärker gedehnt wird. Wie mag dies dann erst für kranke Pferde sein?

Ergänzungsfuttermittel

Die Ergänzungsfuttermittel sind mittlerweile ein riesengroßer Markt, auf dem viele gern mitverdienen wollen. In der Werbung werden zahlreiche Produkte angepriesen, die geradezu wundersame Hilfe und Linderung für arthrosekranke Pferde bringen sollen. Aber: Vorsicht ist hier die Devise. Es ist unbedingt erforderlich, sich Rat über Produkte, Dosierungen und Kombinationsmöglichkeiten beim Tierarzt einzuholen. Er wird für den jeweiligen Fall geeignete Produkte empfehlen, die auf Qualität und Wirksamkeit überprüft wurden. Es sind mit Sicherheit nicht die billigsten Produkte, aber Qualität war noch nie preiswert.

Glykosaminoglykane

Die Glykosaminoglykane, kurz GAG, sind eine wichtige Stoffgruppe und spielen bei der Ausbildung der Knorpelstruktur eine große Rolle. Zusammen mit der oben beschriebenen Hyaluronsäure und Kollagenfasern bilden sie das Gerüst der Knorpelstruktur.

Ihr natürliches Vorkommen wurde erstmals festgestellt, als man untersuchte, warum die neuseeländischen Ureinwohner niemals unter Arthrosen litten. Früher war eines ihrer Hauptnahrungsmittel die grüne neuseeländische Lippmuschel, die einen hohen Anteil an GAG besitzt. Die Menschen nahmen also ständig die Substanz auf, die am besten dem Knorpelverschleiß entgegenwirkt und die Regeneration geschädigten Knorpels ermöglicht. Der Körper ist zwar auch selbst in der Lage, GAG zu bilden, aber mit diesem Ernährungsverhalten hatten die Ureinwohner einen Vorteil gegenüber den Menschen mit anderer Nahrung.

Heute gibt es viele Ergänzungsfuttermittel (nicht nur für Pferde!) mit der grünen neuseeländischen Lippmuschel. Die Preise hierfür variieren sehr stark je nach Qualität des Produkts: Wird die ganze Muschel mit Schale gemahlen, nur das Fleisch oder gar nur die Fortpflanzungsorgane mit dem höchsten Gehalt an GAG? Es lohnt sich, genauer hinzusehen und im Zweifel dem Produkt eines pharmazeutischen Herstellers den Vorzug zu geben. Sinnvoll ist es auch, den Gehalt an GAG pro Gewichtseinheit oder Tagesration zu vergleichen. Bei einer kleinen Tagesration mit hohem Gehalt an wertvollen Inhaltsstoffen ist man mit einer kleinen, teuren Dose besser bedient als mit einem preiswerten Rieseneimer, der hauptsächlich

Medizinische Behandlungsansätze

Ergänzungsfuttermittel können gute Dienste leisten – angesichts der vielen angebotenen Produkte ist die Beratung durch den Tierarzt allerdings dringend zu empfehlen. (Foto: Bosse)

durch einfache Futterstoffe, zum Beispiel Getreide, gefüllt wird.

Es gibt auch andere Schalen- und Krustentiere, die GAG enthalten und für die Herstellung von Ergänzungsfuttermitteln eingesetzt werden. Nach Möglichkeit sollte man beim Hersteller den garantierten Gehalt an GAG erfragen, wenn er nicht eindeutig auf der Packung deklariert ist.

Ungesättigte Fettsäuren

Die ungesättigten Fettsäuren, namentlich die Omega-3-Fettsäuren, haben eine entzündungshemmende Wirkung im Zellstoffwechsel. Diese Fettsäuren sind besonders in hochwertigen pflanzlichen oder Fischölen enthalten. Bei manchen Ergänzungsfuttermitteln sind sie bereits beigemengt.

Medizinische Behandlungsansätze

Radikalenfänger

Jedes Atom hat elektrische Ladungen, die beim Zusammenschluss von Elementen verändert werden. Hierbei können einzelne Elektronen freigesetzt werden, die aufgrund ihrer elektrischen Ladung sehr aggressiv reagieren und schwere Zellschäden gerade bei Entzündungsreaktionen hervorrufen. Sie werden als „freie Radikale" bezeichnet, die bei Entzündungsvorgängen vermehrt auftreten und den gestörten Stoffwechsel nachteilig beeinflussen. Die „Radikalenfänger" sind Substanzen, welche diese freien Radikale aufnehmen und somit unschädlich machen. Die Radikalenforschung und -therapie ist zukunftsweisend und packt das Übel an der Wurzel, und zwar mit natürlichen oder naturnahen Substanzen.

Bekannte Radikalenfänger sind Vitamin E und Selen. Auch sie sind als Beimischung in vielen Ergänzungsfuttermitteln enthalten, das Vitamin E in natürlichen Quellen auch in hochwertigen pflanzlichen und Fischölen.

Birkenblätter haben sich unterstützend bei der Entzündungshemmung bewährt.
(Foto: Bosse)

Medizinische Behandlungsansätze

Schwefel

Der Schwefel ist ein chemisches Element und spielt im Eiweißaufbau eine wichtige Rolle. Die Eiweiße bestehen aus zahlreichen Bausteinen, den Aminosäuren, die zu einem großen Molekül zusammengesetzt sind. Damit dieses Gebilde seine definierte, stabile Form bewahrt, werden die Aminosäuren untereinander durch viele sogenannte „Schwefel-Brücken" verbunden.

Wieso ist das für die Gelenkgesundheit von Bedeutung? Alle Bindegewebsstrukturen, also Bänder, Kollagenfasern im Knorpel, die Außenschicht der Gelenkkapsel und die Sehnen, bestehen aus diesen sogenannten Struktureiweißen – ebenso wie Fell, Langhaar und Hufe. Der Unterschied zwischen Muskeleiweißen und den Struktureiweißen besteht in den eingebauten Aminosäuren, insbesondere aber im erhöhten Anteil an Schwefel.

Eine wichtige Schwefel- und Aminosäurenquelle in der natürlichen Nahrung sind daher die Eiweiße. Diese werden unseren Pferden leider oft sehr sparsam dosiert, damit sie nicht zu lebhaft werden. Der gute und wertvolle Hafer kam aus diesem Grunde in Verruf, dabei ist er mit seinem hohen Eiweiß- und Kalziumgehalt bei einer dem Bedarf angepassten Dosierung ein hervorragendes Futtermittel für Pferde.

Pflanzliche Mittel

Die Pflanzenheilkunde (Phytotherapie) blickt auf eine zum Teil jahrtausendealte Tradition zurück. Bestimmte Heilpflanzen können auch bei arthrosekranken Pferden sehr sinnvoll eingesetzt werden. Am besten ist es, sich von einem auf diese Behandlung spezialisierten Therapeuten beraten zu lassen, um die passenden Mittel, Dosierungen und Darreichungsformen wählen zu können.

- Weidenrinde: Sie ist eines der ältesten bekannten pflanzlichen Heilmittel für alle Arten von Schmerz. Der Wirkstoff Acetylsalicylsäure ist noch heute ein bewährtes Schmerzmittel in der Humanheilkunde.
- Eichenrinde und Birkenblätter: Sie unterstützen die natürlichen, körpereigenen Abläufe bei der Entzündungshemmung.
- Bärlauch: Er weist einen besonders hohen Schwefelgehalt auf und unterstützt dadurch insbesondere den Eiweißstoffwechsel.
- Pappelrinde: Ihr wird eine Wirkung als Radikalenfänger nachgesagt.
- Brennnesselblätter: Sie enthalten Kieselsäure, die den Knorpelabbau verlangsamen soll.
- Teufelskrallenwurzel: Das pflanzliche Antiphlogistikum unterstützt auf natürliche Weise die Entzündungshemmung und hat zusätzlich eine gute schmerzlindernde Wirkung.
- Senfsamen- und Capsicum-Zubereitungen: Sie werden äußerlich angewendet, wirken dabei leicht hautreizend und sehr stark durchblutungsanregend. Durch diesen Gegenreiz werden neue Heilungskräfte mobilisiert.

Mineralstoffe und Vitamine

Allein zu diesem Thema könnte man ein Buch schreiben! Die Angebote am Markt sind sehr zahlreich, ebenso die Qualitätsunterschiede. Der tatsächliche Bedarf ist oftmals schwierig zu ermitteln – er hängt vom Alter, der Nutzung und der Gesundheit

Medizinische Behandlungsansätze

des Pferdes ab. Die Inhaltsstoffe in der natürlichen Nahrung variieren je nach Jahreszeit erheblich. Viele Fertigfuttermittel sind bereits vitaminisiert und mineralisiert und müssen bei der Rationsgestaltung daher besondere Aufmerksamkeit erhalten.

Wichtig ist zu bedenken, dass manche Mineralien um die Aufnahme in den Körper konkurrieren, so zum Beispiel Kalzium und Phosphor, beides wichtige Knochenbestandteile. Deshalb ist es wichtig, das richtige Kalzium-Phosphor-Verhältnis von 3 zu 1 oder sogar 4 zu 1 beim erwachsenen Pferd in der Rationsgestaltung zu beachten. Andernfalls kann es bei einem dauernden Überangebot an Phosphor zu einem Kalziummangel kommen, auch wenn absolut gesehen eigentlich genügend Kalzium in der Ration steckt.

Vorsicht auch bei der Kombination verschiedener Ergänzungsfuttermittel: Viele Mittel sind so konzipiert, dass sie als alleinige Zugabe zum Futter gegeben werden sollten – mit Überdosierungen erreicht man nicht selten das Gegenteil des gewünschten Effekts.

Qualität hat ihren Preis: In manchen Billigprodukten sind Vitamine zwar mengenmäßig ausreichend enthalten, aber chemisch so gestaltet, dass der Organismus sie gar nicht oder nur in geringem Maße verstoffwechseln kann. Erzeugnisse von pharmazeutischen Unternehmen sind auf der Grundlage wissenschaftlicher Untersuchungen bedarfsgerecht zusammengestellt und von einer Qualität, die dem Körper auch tatsächlich zugutekommt.

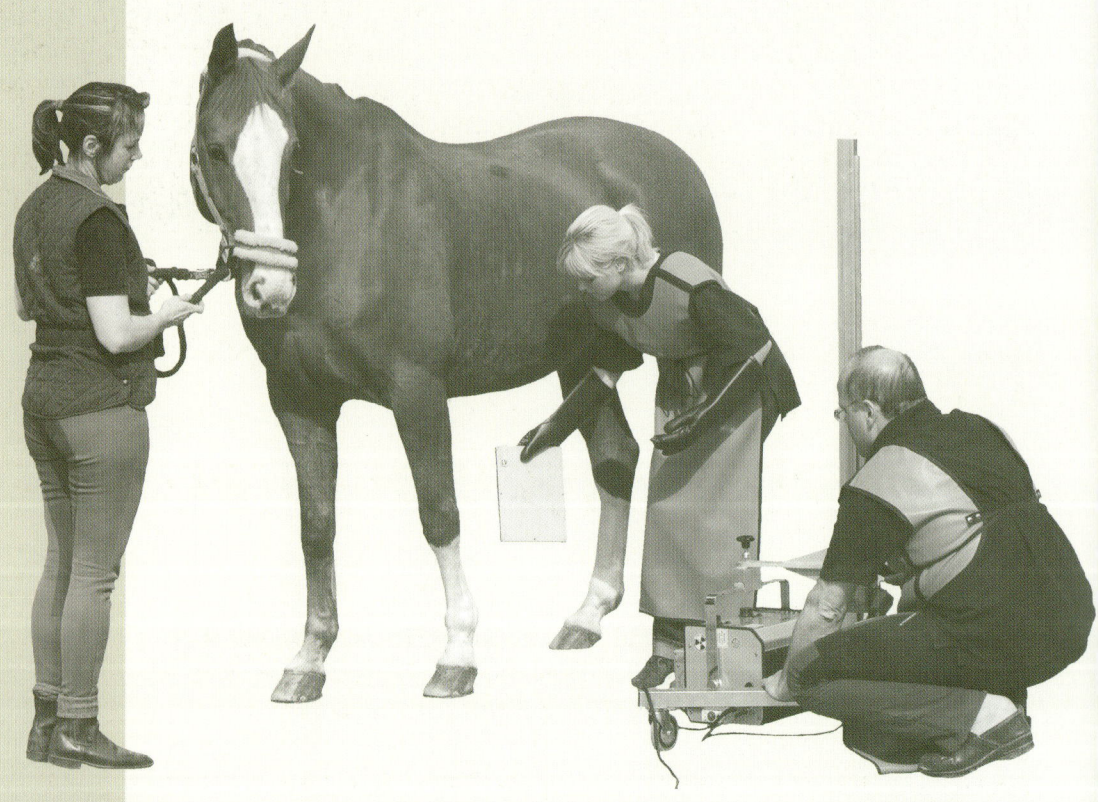

(Foto: Becker)

Ganzheitliche und alternative Heilverfahren

Während die Schulmedizin sich oft auf die Behandlung einzelner Krankheitssituationen im Körper konzentriert, betrachtet die ganzheitliche Medizin den Organismus insgesamt und zielt darauf ab, den Körper auch in seiner Gesamtheit zu behandeln. Die einzelnen Therapiekonzepte und dahinterstehenden Lehren sind sehr umfangreich und können hier nur skizziert werden. Wichtig ist in jedem Fall, einen

Ganzheitliche und alternative Heilverfahren

Behandler zurate zu ziehen, der aufgrund fachlicher Qualifikation und Erfahrungen über fundiertes Wissen in seinem Spezialgebiet verfügt. Auch die sogenannte „sanfte Medizin" kann bei unsachgemäßer Anwendung nicht nur wirkungslos bleiben, sondern durchaus schwere Schäden anrichten, auch wenn zum Beispiel ernste Krankheitsbilder wie etwa ein Knochenriss (Fissur) unversorgt bleiben.

Homöopathie

Die Homöopathie verfolgt das Ziel, die Selbstheilungskräfte des Körpers zur Heilung zu mobilisieren. Zur Auswahl eines homöopathischen Arzneimittels ist weniger die klinisch gestellte Diagnose als vielmehr die genaue Beobachtung aller Symptome und Verhaltensweisen des Pferdes von Bedeutung. Während die Schulmedizin oft eine antagonistische Therapie anstrebt (Fieber muss gesenkt werden, ein Durchfall gestoppt werden), sieht die Homöopathie eine Regulationstherapie vor. Durch kleine bis kleinste Arzneidosen werden Regulationsmechanismen nicht unterdrückt, sondern stimuliert. Die Arzneimittel pflanzlichen, mineralischen oder tierischen Ursprungs werden gemäß dem homöopathischen Ähnlichkeitsprinzip ausgewählt. Dabei wird dem Patienten dasjenige Arzneimittel verabreicht, das bei einem Gesunden ähnliche Symptome hervorrufen würde, wie sie bei dem kranken Menschen (oder Tier) derzeit beobachtet werden.

Homöopathische Mittel gibt es in unterschiedlich hohen Potenzen, die an der Buchstaben-Zahlen-Kombination hinter dem Mittelnamen erkennbar sind. Grundsätzlich gilt, dass niedrige Potenzen (zum Beispiel D 6) eher im Akutfall angezeigt sind, während Hochpotenzen (wie C 1000) in chronischen Fällen besser wirken. Gerade bei hohen Potenzen ist die Beratung durch einen Homöopathen unverzichtbar, da die Wirkungsdauer sehr lang sein kann und eine zu häufige Mittelgabe unkontrollierbare Reaktionen mit sich bringen kann. In allen Fällen ist die genaue Untersuchung des Patienten Voraussetzung für einen Behandlungserfolg. Das gilt sowohl für die Einzelmittel als auch für homöopathische Komplexpräparate, die aus einer Mischung verschiedener Einzelmittel zusammengesetzt sind und teilweise in Untersuchungen belegte hervorragende Wirkungen aufweisen können.

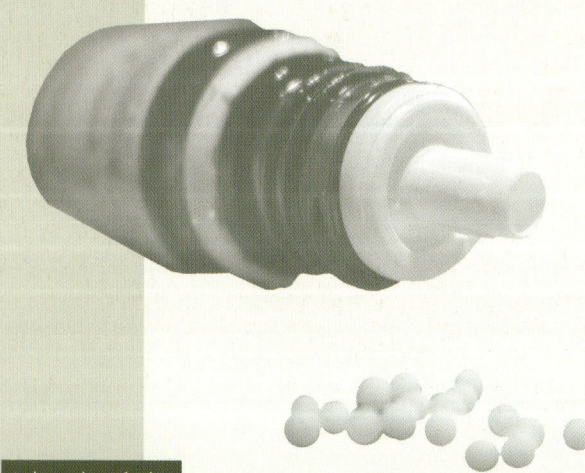

Akupunktur, Akupressur

Die Akupunktur ist ein wichtiger Bestandteil der traditionellen chinesischen Medizin. Diese Medizin geht von der Vorstellung aus, dass der Körper eines Lebewesens

Ganzheitliche und alternative Heilverfahren

von Energiebahnen, den sogenannten Meridianen, überzogen ist. Störungen in diesen Bahnen bringen den Energiefluss aus dem Gleichgewicht. Die Akupunkturpunkte sind bestimmte kleine Körperareale auf den Meridianen, die quasi die Steuerungszonen für die Meridiane darstellen. Die Stimulation der Akupunkturpunkte durch spezielle Nadeln oder durch Druck mit den Fingern (Akupressur) soll das energetische System beeinflussen und einen Selbstheilungsprozess einleiten. Weil die Akupunktur das vegetative (unwillkürliche) Nervensystem anspricht, haben die Behandlungen einen stark beruhigenden, entspannenden und schmerzstillenden Effekt, was für chronisch kranke Pferde in jedem Fall wünschenswert und hilfreich ist.

Auch bei dieser Therapieform ist ein kritischer Blick auf die Qualifikation des Behandelnden ratsam, der über einen sehr umfangreichen Wissensschatz verfügen sollte.

Physiotherapie

Physiotherapie ist der Oberbegriff für alle physikalischen Therapieformen (siehe Kapitel „Physikalische Therapien", Seite 44), die einen heilsamen Effekt auf den erkrankten Organismus haben könnten.

Im engeren Sinne zählen zur Physiotherapie neben den apparativen vor allem die Manualtherapien, also alle Maßnahmen, die mit den Händen durchgeführt werden können: Massagen, Mobilisationen, Dehnungen, Akupressur, Lymphdrainage und im weiteren Sinne auch die Chiropraktik und die Osteopathie.

Die Akupunkturnadeln sollen körpereigene Energien zum Fließen bringen und die Selbstheilung fördern. (Foto: Slawik)

Ganzheitliche und alternative Heilverfahren

Erfahrene Behandler wissen, welche speziellen Handgriffe auch arthrosekranken Pferden guttun, die aufgrund ihrer Erkrankung zu Wirbelblockaden neigen können. (Foto: Janßen)

Chiropraktik, Osteopathie

Die Osteopathen gehen davon aus, dass jede Erkrankung mit einer grundlegenden, strukturellen Veränderung am Stützskelett einhergeht. Die Korrektur dieser Veränderungen durch osteopathische Techniken versetzt den Körper in die Lage, seine Selbstheilungskräfte zu mobilisieren. Nur mit einem funktionell vollkommen wiederhergestellten Stützskelett ist eine Heilung möglich. Bei diesem Behandlungsverfahren werden auch Handgriffe mit kurzfristiger, deutlicher Krafteinwirkung eingesetzt, um Blockaden zu lösen.

Die Chiropraktik unterscheidet sich von der Osteopathie durch die Art der Krafteinwirkung und die eingesetzten Griffe.

Beide Therapieverfahren können für arthrosekranke Pferde eine wichtige Hilfe darstellen, da sie durch die langwährende Bewegungseinschränkung fast immer unter schweren Blockaden im Stützskelett leiden.

Ein fachkundiger Osteopath oder Chiropraktiker weiß, wie stark er an den von der Arthrose geschädigten Skelettbereichen arbeiten darf, ohne den Gesundheitszustand des Pferdes zu verschlimmern.

Kinesiotherapie (Bewegungstherapie)

Die Kinesiotherapie ist eine ganzheitliche Therapie in der Sportmedizin, die sich nicht nur mit den vorhandenen, bereits

Ganzheitliche und alternative Heilverfahren

eingetretenen Schäden befasst, sondern sich darüber hinaus für die funktionellen Folgen interessiert. Sie geht davon aus, dass jede Schädigung bleibende Folgen im Organismus zurücklässt. Das Ziel ist, die Reparatur der Schädigung zu fördern und dem Patienten ein möglichst normales Leben trotz der entstandenen Bewegungseinschränkung zu ermöglichen. Dazu gehören neben der Schmerzbekämpfung die Bewegungsförderung, damit der Körper seine erlernten Bewegungsmuster an die veränderte Situation anpassen kann, sowie die Bekämpfung von Folgeschäden. Zur Anwendung kommen unterschiedliche Massagetechniken sowie aktive und passive Bewegungsübungen. Geeignete Maßnahmen können auch vom Besitzer unter Anleitung erlernt und später allein ausgeführt werden.

Zu dieser gerade für chronisch lahme Pferde wichtigen Therapieform findet sich ein Literaturhinweis im Anhang.

Shiatsu

Shiatsu ist eine alte japanische Berührungstherapie, die sich aus der traditionellen chinesischen Medizin entwickelt hat. Der Behandler arbeitet mit den gleichen Körperpunkten, die auch bei der Akupunktur mit Nadeln stimuliert werden. Beim Shiatsu setzt er allerdings seine Finger, Hände und Ellenbogen ein, um auf ganze Meridianverläufe einzuwirken. So werden vitalisierende Impulse auf das Kreislauf-, Lymph- und Nervensystem ausgeübt. Ebenso wie bei der Akupunktur wird der Energiefluss entlang der Meridiane angeregt und reguliert und über das vegetative Nervensystem tritt eine Entspannung und Schmerzlinderung ein.

Zu dieser speziellen Therapieform findet sich ein Literaturhinweis im Anhang.

(Foto: Slawik)

Der Umgang mit dem arthrosekranken Pferd

Es ist schwer, die Situation zu akzeptieren, dass man ein Pferd besitzt, welches wohl nie wieder ganz gesund sein wird. Dennoch gibt es im Alltag sehr viele kleine Dinge, die man als Pferdehalter beherzigen kann, um die Chancen auf ein normales Leben für sein Tier zu vergrößern, seine Lebensfreude zu erhalten und es vielleicht sogar wieder zu ungeahnten neuen Leistungen zu befähigen.

Ernährung

Die Ernährung des Pferdes soll dem Alter, dem Rassetyp sowie der Arbeitsleistung angepasst sein. Das klingt so selbstverständlich, wird aber leider allzu oft nicht beherzigt.

Ein älteres Pferd, ob gesund oder gelenkkrank, hat gegenüber einem Pferd „in den besten Jahren" einen reduzierten Grundumsatz, das heißt, es verbrennt weniger Kalorien. Dieser verlangsamte Stoffwechsel, der teilweise auch aus einem verringerten Bewegungsbedürfnis resultiert, muss unbedingt seine Entsprechung in einem reduzierten Kalorienangebot finden. Beachtet der Besitzer dies nicht und will seinem Pferd etwas Gutes tun, wird er bald feststellen müssen, dass sein „Liebling" zunehmend verfettet. Jedes Kilo mehr ist aber eine Belastung sowohl für die geschädigten als auch für die gesunden Gelenke.

Um eine Kalorienersparnis am besten zu erreichen, sollte man auf keinen Fall am Raufutter sparen. Das Pferd verbringt natürlicherweise große Teile des Tages mit der entspannenden, ausdauernden Aufnahme von kalorienarmen Raufuttermengen. Dies hält nicht nur das Verdauungssystem gesund, sondern trägt auch zur Zufriedenheit und seelischen Ausgeglichenheit bei.

Beim Kraftfutter ist dagegen genau abzuwägen, was und wie viel man gibt. Einsparen kann man vor allem die Anteile an schnell verdaulichen Kohlenhydraten, sprich Zucker und Mehle. Deshalb sollte man auf melassierte, fein zerkleinerte Futtermittel verzichten. Wichtig ist ein deutlicher Haferanteil, denn er enthält am meisten wertvolles Eiweiß.

Die Leckerchen zwischendurch dagegen sind meist sehr zucker- und fettreich und nützen vor allem dem Hersteller – er verdient daran gutes Geld! Wer sein krankes Tier trösten möchte, könnte vielleicht lieber eine Massage anbieten, sich ausgiebig mit dem Pferd beschäftigen, einen neuen Trick oder eine Übung einstudieren – das ist gut fürs Wohlbefinden und beschäftigt auch den Kopf (von Pferd und Besitzer).

Beim sehr alten Pferd hingegen ist die Situation dahingehend verändert, dass die Auswertung der Nahrung zum Beispiel durch abgenutzte Zähne oder eine nachlassende Verdauungsleistung sich immer mehr verschlechtert. Um einer Auszehrung mit Muskelschwund rechtzeitig entgegenzuwirken, muss das eventuell zerkleinerte Raufutter eingeweicht verfüttert werden und das Kraftfutter muss sehr gehaltvoll, leicht verdaulich und hochwertig sein. Ein erhöhter Fettanteil wird meist sehr gut vertragen, gibt viele Kalorien und dient auch noch als Lieferant der fettlöslichen Vitamine sowie der ungesättigten Fettsäuren.

In jedem Fall muss besonderes Augenmerk auf die Zufütterung von Ergänzungsfuttermitteln gelegt werden, denn sie können die Gelenkgesundheit in entscheidendem Maße fördern (siehe Seite 50) Der Tierarzt kann beraten und ein oder zwei qualitativ hochwertige Produkte empfehlen, die auf den jeweiligen Patienten abgestimmt sind.

Haltungsbedingungen

„Wer rastet, der rostet!" Auch der Volksmund hat seine Erfahrungen gemacht … Wer selbst Probleme mit den Gelenken

Der Umgang mit dem arthrosekranken Pferd

Eine Haltung mit viel Bewegung ist für ein arthrosekrankes Pferd ideal – vorausgesetzt, für jedes Pferd ist genügend Platz vorhanden. Hier ist der Boden allerdings nicht gelenkschonend. (Foto: Slawik)

hat, weiß sofort, was gemeint ist: Nach einer langen Ruhephase wieder in Bewegung zu kommen, fällt schwer. Ist man aber einige Zeit auf den Beinen, scheinen die Schmerzen verschwunden zu sein.

Dem arthrosekranken Pferd geht es nicht anders: Wird es nach langen Stunden in einer kleinen Box herausgeholt, werden die ersten Schritte oft zur Qual. Erst nach einiger Zeit bessert sich die Beweglichkeit. Für solche Pferde ist in jedem Fall eine große Laufbox oder eine Paddockbox zu empfehlen, damit sie sich auch dann bewegen können, wenn sie nicht auf der Weide stehen. Auch eine Offenstallhaltung ist möglich und sinnvoll, allerdings müssen hier höchste Ansprüche an das Haltungskonzept und die Qualität der Untergründe gestellt werden.

Der Untergrund muss zwar fest, aber elastisch sein, tiefe Matschböden sind tabu. Durch das Wegrutschen und die erschwerten Drehbewegungen im tiefen Boden werden Bänder, Sehnen und Gelenke extrem belastet, außerdem sind teure orthopädische Beschläge gefährdet. Ruhende Arthrosen können sich neu entzünden, wenn Knochenwucherungen durch Überdehnung von Bändern und Gelenken ständig gereizt werden.

Untergründe aus Stein, Pflaster oder Beton hingegen sind so unnachgiebig, dass sie die Beine ebenfalls auf eine harte Probe stellen und zum Beispiel das Entstehen einer Belastungsrehe fördern können. Die fehlende Federung bei hartem Boden bringt die Gelenksprobleme durch fehlende Knorpelmasse bei jedem Schritt schmerzlich in Erinnerung.

Die Zusammenstellung der Pferdegruppen in Offenställen erfordert viel Feingefühl und regelmäßige Beobachtung. Bewegungsschwache Pferde sinken in der Rangordnung oft rapide ab und werden nur noch abgedrängt, gejagt und gestresst. So finden sie nicht die notwendige Ruhe und Erholung, die sie doch so dringend brauchen, und müssen oftmals ohne Rücksicht auf ihre kranken, schmerzenden Knochen ausweichen, um den überlegenen Tieren aus dem Weg gehen zu können. Ein entspanntes Liegen ohne Angst vor ranghöheren Tieren wird meist gar nicht mehr versucht. Auch die nötige Zeit zur ausreichenden Raufutteraufnahme ist unter solchen Umständen nicht gegeben. Ein zeitweiliges Abtrennen von der Gruppe oder die Bildung einer kleinen Gruppe von gleichaltrigen, möglichst sogar gleichgeschlechtlichen Pferden kann hier Abhilfe schaffen.

Die eigentlich beste Haltungsform ist der Weidegang, denn er kommt dem natürlichen Bewegungsbedürfnis des Pferdes am nächsten. Ruhige, gleichmäßige Bewegung über lange Zeiträume halten Körper und Seele im Gleichgewicht. Aber auch hier sollte auf die Weidepflege geachtet werden: Steinige, unebene Untergründe sind ebenso wenig geeignet wie tiefe Böden mit Staunässe oder am Hang gelegene Weidegründe. Auch auf der Weide ist die Pferdegruppe wichtig: Einzelne Wallache in gemischten Gruppen neigen oft dazu, die Stuten unter sich aufzuteilen. Dieses „Sortieren" ist ein Quell dauernder Unruhe und bedeutet Stress für alle Pferde.

Die Weideflächen sollen insgesamt ausreichend groß und ergiebig sein, damit kein Streit um gute Futterstellen entsteht und alle Tiere Platz haben, um sich aus dem Weg zu gehen.

Training

Es ist sehr wesentlich, chronisch arthrosekranke Pferde immer wieder zur Bewegung anzuregen. Ruhige, gleichmäßige Aktivitäten insbesondere zu Beginn der Arbeit regen die Durchblutung und den Stoffwechsel im Gelenk an. Hat das Pferd zuvor in der Box gestanden, sind die Knorpelschichten durch den permanenten Druck des Körpergewichtes verfestigt und unelastisch geworden. Es dauert mindestens zehn Minuten im Schritt, bevor der Knorpel

Ausgiebiges Führen – ob vor dem Reiten oder vor dem Weidegang – hilft, die Gelenke zu schonen. (Foto: Slawik)

durch die Bewegung in der Gelenkflüssigkeit vollständig durchsaftet ist und seine Pufferaufgabe erfüllen kann.

Noch vor Beginn der Bewegungsarbeit kann man durch Dehnungsübungen bereits viele Muskelgruppen lockern und auf die Arbeit vorbereiten. Dies, egal ob an der Hand oder unter dem Sattel, sollte eigentlich auch vor dem Weidegang zur Gewohnheit werden. Einige übermütige Buckler, eine kleine Rangelei mit schnellen Wendungen, abruptem Bremsen oder Beschleunigen – dies alles ist Gift für kranke (und gesunde!) Gelenke. Deshalb ist eine Schrittphase, wenn die Pferde aus der Box kommen, vor der ersten Toberei morgens auf der Weide unverzichtbar.

Das Training selbst richtet sich nach Art und Schwere der Erkrankung und sollte mit dem behandelnden Tierarzt und/oder Physiotherapeuten abgestimmt werden. Pferde mit Gelenkleiden fühlen sich auf weichen, federnden Böden deutlich wohler als auf festen bis harten Untergründen. Die gleichmäßige Bewegung in langen, geraden Linien fällt dem arthrosekranken Pferd wesentlich leichter als enge Wendungen, kleine Volten und Zirkel sowie häufige, abrupte Tempowechsel. Das fortgesetzte, ausschließliche Longieren langweilt die Pferde schnell und ist auch wegen der ständigen Biegung und Belastung der inneren Gliedmaßen wenig ratsam.

Ist das Pferd zeitweilig oder gar nicht mehr reitbar, so sollten ausgedehnte gemeinsame Spaziergänge auf dem Programm stehen. Bei ausreichender Belastbarkeit kann ein arthrosekrankes Pferd auch sehr gut als Handpferd mitlaufen. Diese Aufgabe lernen die meisten Pferde in der Bahn sehr schnell – ebenso wie der Reiter, der die korrekte Führung des Handpferdes ebenfalls trainieren muss. Der Geländelauf als Handpferd kann für das arthrosekranke Pferd ein sehr gutes Training sein und auch seine Zufriedenheit deutlich verbessern. Allerdings muss der Reiter aufmerksam die Leistungsfähigkeit des Handpferdes im Auge haben und darf es nicht überfordern. In der Gruppe nimmt ein Pferd keine Rücksicht auf seine Gesundheit, es wird niemals zurückbleiben, es sei denn, die Schmerzen sind übermächtig. Schon die einmalige Überbeanspruchung der kranken Gelenke rächt sich an den folgenden Tagen, wenn ruhende Entzündungen durch die Überlastung aktiviert wurden und das Pferd vor Schmerzen kaum einen Huf vor den anderen setzen kann. Hier muss der Reiter vorausschauend handeln und im Sinne seines Handpferdes planen. In den ersten Tagen bis Wochen sind zehn bis zwanzig Minuten im Schritt mit Sicherheit ausreichend – so wird auch der beste Muskelaufbau erzielt.

Eine bestehende Lahmheit sollte sich auf keinen Fall zum Ende des Trainings verstärken, sondern im Idealfall fast unsichtbar werden. Ob dieses Ergebnis überhaupt erzielt werden kann, hängt natürlich vom Grundleiden des Pferdes ab.

Wenn es die Möglichkeit dazu gibt, kann regelmäßiges Training auf einem Laufband die Rehabilitation unterstützen. Der „Boden" ist gleichmäßig fest und eben, das Pferd läuft ausschließlich geradeaus und lernt sehr schnell, dass das vorgegebene Tempo beibehalten werden muss.

Eine Steigerung stellt der Aquatrainer dar, bei dem das Pferd in einer kleinen, mit Wasser gefüllten Kabine auf einem Laufband läuft. Das Wasser muss so hoch

Der Umgang mit dem arthrosekranken Pferd

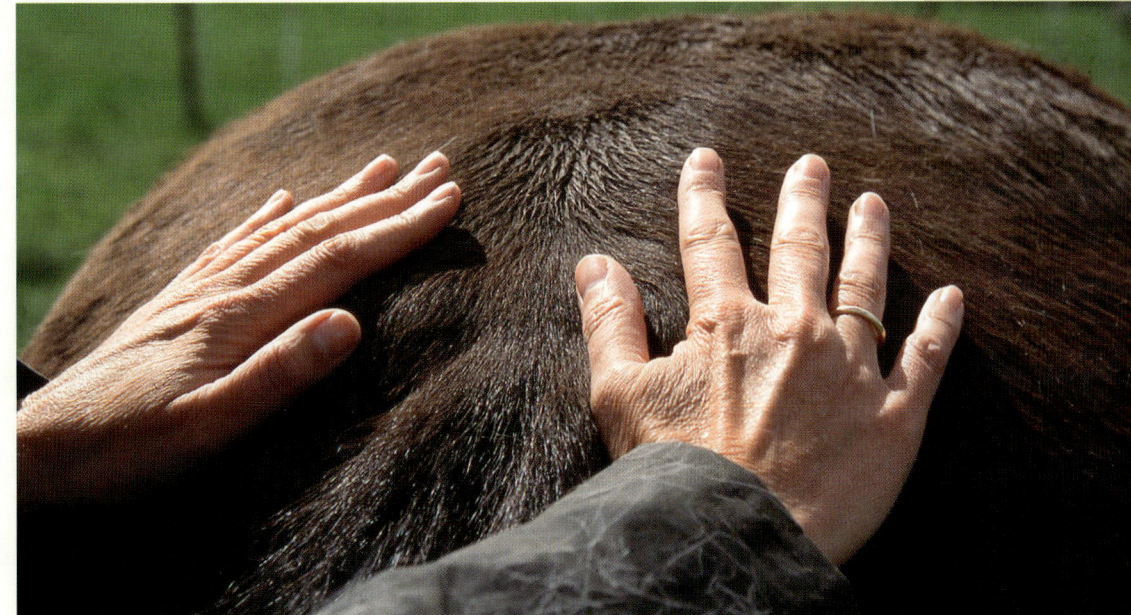

Bestimmte physiotherapeutische Handgriffe kann der Pferdebesitzer nach entsprechender Anleitung auch selbst anwenden. (Foto: Slawik)

stehen, dass der gesamte Bauch des Pferdes „schwimmt", damit durch den Auftrieb eine reduzierte Gewichtsbelastung der Gliedmaßen erreicht wird. So kann das Pferd ein sehr gelenkschonendes Bewegungstraining absolvieren, das den Muskelaufbau erheblich unterstützt.

Physiotherapie

Die Physiotherapie ist eine sinnvolle und hilfreiche Unterstützung der Arbeit mit arthrosekranken Pferden. Bedingt durch die Einschränkungen in der Beweglichkeit und die Schmerzsituation werden immer wieder aufs Neue verspannte Muskelgruppen, Versteifungen und Blockaden entstehen. Zum Teil sind dies Schutzmechanismen des Körpers, der auf diese Weise versucht, die erkrankten Partien zu schonen und vor Überlastung zu schützen. Diese sinnvollen Reaktionen des Körpers kann ein Physiotherapeut sicher erkennen und wirksam in die Behandlung einbauen.

Daneben gibt es körperliche Veränderungen, die sich durch den geänderten Bewegungsablauf erst entwickeln, schmerzhaft sind und zusätzliche Krankheitsursachen darstellen können. Diese Veränderungen gilt es zu erkennen und abzubauen.

Ausgebildete Pferdephysiotherapeuten und auch Osteopathen können geeignete Handgriffe und Techniken erläutern, die Linderung verschaffen, ein erfolgreiches Training erleichtern und ein Fortschreiten des Leidens verhindern oder zumindest verlangsamen können.

Nach entsprechender Anleitung kann der Pferdebesitzer sie auch selbst durchführen. Diese Maßnahmen sind in vielen Fällen sehr angenehm und hilfreich für das arthrosekranke Pferd.

(Foto: Höpner)

Möglichkeiten der Vorbeugung

Wie schon ausgeführt, sind die Möglichkeiten der Vorbeugung sehr umfassend und beginnen eigentlich schon vor der Geburt des Fohlens. Aber jeder Lebensabschnitt des Pferdes ist geeignet, etwas für den Erhalt seiner Gelenkgesundheit zu tun. Oftmals sind es dabei schon kleine Dinge, die eine große Wirkung haben können.

Möglichkeiten der Vorbeugung

Zuchtauswahl

Einleitend wurde bereits über die Erblichkeit von Gelenkerkrankungen geschrieben sowie über die Schwierigkeit, dies von Umwelteinflüssen abzugrenzen.

Grundsätzlich sollte jeder, der ernsthaft züchten und nicht nur vermehren will, sehr kritisch seine eigene Stute begutachten. Ihr Fundament muss über jeden Zweifel erhaben und in jeder Hinsicht korrekt sein.

Ein verletzungsbedingt chronisch lahmes Pferd kann sicherlich zur Zucht eingesetzt werden, bei einer Lahmheit infolge eines Exterieurmangels sollte man sehr vorsichtig sein. Wenn man als Besitzer eines geliebten Einzelpferdes gern Nachwuchs ziehen möchte, sollte man so realistisch sein, einen Tierarzt oder erfahrenen Züchter um Rat zu fragen, ob das eigene Pferd dafür auch tatsächlich geeignet ist.

Als Kaufinteressent lohnt sich immer ein Blick in die Abstammung des Pferdes und in die Familien von Mutter- und Vatertier. Ist es ein älterer Hengst, immer noch klar auf den Beinen und womöglich erfolgreich im Sport? Das ist immer eine gute Empfehlung, ein Hinweis auf gute Gesundheit trotz starken sportlichen Einsatzes. Ist die Stute schon älter, wie sehen ihre Beine und ihr Rücken aus? War sie vielleicht auch erfolgreich im Sport dabei? Entstammt sie einer großen, fruchtbaren, langlebigen Stutenfamilie mit vielen Nachkommen? Erfahrene Züchter wissen fast immer eine Menge über ihre Pferde zu erzählen, mit

Kauft man ein Pferd vom Züchter, ist es ideal, wenn man auch die Mutterstute und vielleicht noch weitere Pferde ähnlicher Abstammung genau anschauen darf. (Foto: Slawik)

Arthrose bei Pferden | 67

Möglichkeiten der Vorbeugung

etwas Glück kann man auch Geschwister des Pferdes ansehen, für das man sich interessiert, und bei der Gelegenheit einen besonders kritischen Blick auf ihre Beine werfen. Zeigt die Mutterstute Abweichungen, die sich bei den Nachkommen wiederholen, so kann Vorsicht geboten sein, insbesondere, wenn man selbst mit dem betreffenden Pferd züchten möchte.

Haltung, Fütterung und Aufzucht

Die Vorbeugung von Gelenkerkrankungen beginnt – nach der Auswahl der Elterntiere – mit der Ernährung der Mutterstute. Sie muss dem Trächtigkeitsstadium angemessen energiereich, vor allem aber auch vitamin- und mineralstoffreich sein. Auch eine fette Weide kann zwar mehr als genug Nährwert bieten, je nach Boden und Bewuchs aber dennoch Defizite bei den Mineralien und Spurenelementen aufweisen. Die Bedürfnisse der wachsenden Frucht zehren alle Reserven der Mutterstute auf. Eine Speckschicht auf den Rippen ist kein Beweis für eine optimale Fohlenentwicklung im Mutterleib! In jedem Fall sollte eine bedarfsgerechte zusätzliche Gabe von Vitaminen und Mineralien erfolgen.

Man sollte nach Möglichkeit darauf achten, dass die Fohlen im April oder Mai geboren werden, sodass sie dann auch unmittelbar auf die Weide gelassen werden können. Viele Züchter ziehen es vor, die Stuten bereits sehr früh im Jahr gebären zu lassen, damit die Fohlen gegenüber anderen ihres Jahrgangs einen Entwicklungsfortschritt haben und größer und kräftiger wirken. Leider ist es ihnen gleichgültig, dass diese Fohlen notgedrungen die ersten Lebenswochen bis -monate in der Box verbringen müssen, bevor sie in Luft und Sonne entlassen werden können. Diese für die körperliche und seelische Entwicklung des Fohlens entscheidenden Phasen können niemals wieder nachgeholt werden. Durch üppige Einstreu entwickeln sich bereits Stellungsfehler und schlecht ausgeformte Hufe, die sich nicht abnutzen können. Die Fohlen haben keine Möglichkeit, ihre Körperkoordination in der Bewegung zu entwickeln, ihre Muskeln und Sehnen zu dehnen und zu benutzen. Auch eine Laufbox von 10 Metern Länge ist hierfür kein Ersatz.

Wenn die Käufer auf das Geburtsdatum achten und die sehr früh geborenen Fohlen zurückweisen würden, so würde vielleicht schon bald mit dieser züchterischen Unsitte Schluss gemacht werden. Aber leider lassen sich viele Käufer von dem „großen, starken Fohlen" blenden und geben ihm den Vorzug vor dem wesentlich kleineren, dafür aber vom ersten Tag in Freiheit gewachsenen und kerngesunden Fohlen, dessen einziger „Fehler" es war, vier Monate später auf die Welt gekommen zu sein.

Die Industrie bietet mittlerweile auch für Fohlen und Jungpferde aller Altersgruppen geeignete Ergänzungsfuttermittel an, welche den jeweiligen Bedarf gut abdecken. Am Ende des ersten Lebensjahres sind oft 90 Prozent und mehr der endgültigen Widerristhöhe erreicht – welch eine Wachstumsleistung! Was im ersten Lebensjahr ernährungsmäßig versäumt wurde, kann nie wieder nachgeholt werden.

Das Gleiche gilt für die Haltungsbedingungen: Täglicher, ausgedehnter Weidegang

Möglichkeiten der Vorbeugung

Junge Pferde brauchen vor allem Licht, Luft und Auslauf, um sich gesund entwickeln zu können – doch die Realität sieht leider allzu oft anders aus. (Foto: Slawik)

oder Offenstallhaltung, am besten in einer kleinen Herde mit weiteren Fohlen, bietet die besten Voraussetzungen für eine gesunde Entwicklung. In zahlreichen Untersuchungen wurde nachgewiesen, dass Knorpelveränderungen und -absprengungen in Gelenken bereits im Alter zwischen zwei und sechs Monaten festgestellt werden können. Neben vermuteten erblichen Ursachen wird das wilde Herumtoben der Fohlen nach der Stallruhe als möglicher Auslöser diskutiert. Es ist sicherlich besser, dem natürlichen Bewegungsbedürfnis des Weidetieres Pferd soweit wie möglich zu entsprechen und gerade die Fohlen und Absetzer am besten ständig in die Freiheit der Weide zu entlassen.

Eine Studie, bei der 300 Junghengste von 20 größeren Zuchtbetrieben in Schleswig-Holstein untersucht und die Lebensbedingungen der Tiere festgestellt wurden, brachte erschütternde Ergebnisse: Demnach lebten 70 Prozent der Junghengste in geschlossenen, oft zu kleinen Laufställen ohne jeglichen Auslauf. In fast der Hälfte der Fälle lagen die Lichtverhältnisse unterhalb der im Tierschutzgesetz festgelegten Lichtstärke von 80 Lux und jeder dritte Stall wies eine mangelhafte Luftzufuhr auf. Es verwundert nicht, dass ein häufigeres Auftreten von Knorpelschäden bei den Betrieben mit den schlechteren Haltungsbedingungen festgestellt wurde.

Zwar heilt ein Teil der Knorpelveränderungen bis zum dritten Lebensjahr von allein wieder aus. In vielen Fällen aber werden hier die Weichen gestellt für Mängel,

Möglichkeiten der Vorbeugung

Korrektur von Fehlstellungen

die dann bei der Ankaufsuntersuchung der gerade Dreijährigen das Aus bedeuten.

Als Fazit kann nur wiederholt werden: Was beim jungen Pferd versäumt wurde – in Bezug auf Ernährung, Haltung, Pflege (Hufschmied) –, ist nie wieder nachzuholen. Ein Pferd mit einem schlechten Start ins Leben hat weit weniger gute Chancen, gesund alt zu werden. Sind die Schäden speziell im Bewegungsapparat erst einmal da, ist es oftmals unmöglich, eine vollständige Heilung zu erzielen.

Schwerwiegende Fehlstellungen, die durch starke Längenunterschiede von Beuge- und Strecksehnen direkt nach der Geburt zutage treten, werden in aller Regel durch geeignete tierärztliche Maßnahmen, eventuell auch Spezialbeschläge, behandelt. Viel gefährlicher und für den weiteren Lebensweg des Pferdes ebenso entscheidend sind die allmählichen, ungleichmäßigen Abnutzungserscheinungen an den einzelnen Hufen. Sind die Knochen in den ersten Tagen noch besonders weich und steht das Fohlen hinten kuhhessig (x-beinig), so sind nach wenigen Tagen oder Wochen die inneren Tragränder durch die größere Lastaufnahme abgeschliffen, während die äußeren mangels Abnutzung immer länger werden. Die Folgen sind offensichtlich: Die schiefen Hufe unterstützen und verschlimmern die Fehlstellung, die Knochen werden fester und die Korrektur des Schmiedes, oft erst nach Monaten, hat nur noch einen mäßigen Erfolg.

Diese Pferde müssen sich dann lebenslang mit einer ungünstigen Gliedmaßenstellung fortbewegen. Alle Gelenke formen sich im Wachstum der Abweichung entsprechend aus und sind in sich funktional. Dennoch sind im Vergleich zum gesunden, symmetrischen Gelenk die „deformierten" Gelenke anfälliger, denn die Belastung kann nicht so optimal verteilt werden. Es kann zu vorzeitigem Knorpelverschleiß kommen, zu vergrößerten Gelenkkapseln, verdickten Sehnenscheiden, Gallen und anderen Abweichungen. Kurz: Die Weichen zur Arthrosebildung werden vielfach im Fohlenalter gestellt.

Ein anderes, häufig zu beobachtendes Problem ist der Bockhuf, der beim Fohlen

Bei starken Fehlstellungen ist eine Korrektur bereits in den ersten Lebenstagen notwendig, um späteren Schäden an den Gelenken vorzubeugen.
(Foto: Slawik)

oftmals unbemerkt innerhalb weniger Wochen entsteht. Eine Ursache ist das Scharren mit einem Huf, woraufhin das noch weiche Horn an der Zehe im Handumdrehen abgerieben und die Winkelung des Hufes immer steiler wird. In sehr trockenen Sommern und bei harten Weidegründen kann es schon ausreichen, wenn das Fohlen beim Grasen einen Huf bevorzugt vorstellt und den anderen unter den Leib bringt. Auch hierdurch nutzen sich die Vorderhufe deutlich unterschiedlich ab und die Entwicklung eines Bockhufs wird begünstigt.

Das Fohlenalter und die Jugendzeit spielen also eine entscheidende Rolle für die Entwicklung gesunder Gliedmaßen und Hufe. Die Korrektur solcher Fehlstellungen kann nicht im Hauruck-Verfahren durchgeführt werden – dafür sind die Strukturen noch zu weich und die Hufsubstanz ist oft zu gering. Es kann durchaus notwendig sein, dass der Schmied alle ein bis zwei Wochen nur ein paar Züge mit der Raspel macht, um den Bockhuf wieder flacher zu stellen. Wer diese Kosten und Mühen scheut, hat dann gute Chancen auf einen Dreijährigen, den er als Beistellpferd verschenken kann ... Auch hier kann die oben erwähnte Studie mit Zahlen aufwarten: Rund 35 Prozent der Junghengste sehen den Schmied weniger als viermal im Jahr.

Aber was ist mit den erwachsenen Pferden, die mit all ihren Problemen vor uns stehen? Gerade beim Pferd mit deutlichen Fehlstellungen ist ein regelmäßiger, korrekter, unter Umständen orthopädischer Beschlag (der in Zusammenarbeit mit dem Tierarzt ausgeführt wird) oder eine kompetente Hufpflege von großer Bedeutung. Dennoch muss man dem verständlichen Wunsch entgegentreten, die Beine durch einen kunstvollen Beschlag wieder „gerade" zu machen. Was dem Auge gefällt, ist für die Gelenke eine Tortur, denn sie haben sich im Laufe der Zeit, womöglich schon in der Jugend, an die veränderte Situation angepasst. Eine dramatische Umstellung durch eine extreme Zurichtung des Hufes oder einen Spezialbeschlag, der die Winkelung stark verändert, verursachen eine veränderte Belastungssituation in allen darüberliegenden Gelenken. Das kann zu neuen Krankheitsherden und zusätzlichen Schmerzen führen. Besser ist es, wenn bei jeder Beschlagsperiode eine kleine Veränderung vorgenommen wird und der gewünschte Endzustand allmählich erreicht wird. Dies gilt natürlich nicht für akute, schwere Erkrankungen wie zum Beispiel die Hufrehe, wo eine sofortige Entlastung der Zehe erfolgen muss.

Ausrüstung

Die Ausrüstung des Pferdes soll zweckmäßig, altersentsprechend und vor allem passend sein! Bei den Unsummen, die jährlich für Reitsportzubehör ausgegeben werden, ist es erschütternd, wie viele Sättel vollkommen unpassend oder ungeeignet sind. Wie oft erlebt man, dass ein Pferd dreijährig einen Sattel bekommt und ihn mit 13 Jahren immer noch trägt, ohne dass zwischendurch erneute Anpassungen stattgefunden hätten, obwohl ein Pferd bis zum siebten Lebensjahr wächst und seine Statur verändert. Das Training führt zum Muskelaufbau, gerade auch des langen Rückenmuskels, auf dem der Sattel liegt. Wie soll der Muskel sich entwickeln, wenn

Möglichkeiten der Vorbeugung

*Eine Aufsteighilfe entlastet Rücken und Beine des Pferdes – übrigens nicht nur des an Arthrose erkrankten!
(Foto: Becker)*

der Sattel ihn zusammendrückt? Wie viele Pferde haben aus diesem Grunde schon eine Einsenkung in der Sattellage, in welcher der Sattel quasi von allein und ohne Gurt liegen bleibt? Unter welchen Schmerzen mag diese Kuhle entstanden sein? Wie fühlen wir uns selbst, wenn wir einen Schuh tragen müssen, der nur an einer kleinen Stelle drückt?

Dass nicht viel mehr Pferde Anzeichen von Sattelzwang zeigen, spricht für das geduldige und demütige Wesen der Tiere. Aber bei genauer Beobachtung zeigen sich doch deutliche Signale: Ein unwilliges Anlegen der Ohren, ein böses Gesicht oder allgemeine Unruhe beim Satteln sind Hinweise auf mögliche Schmerzen und kein scherzhafter Hinweis auf mangelnde Arbeitsfreude!

Zur Beurteilung der Passform des Sattels ist unbedingt kompetente Hilfe erforderlich, am besten durch einen gut ausgebildeten Sattler, der sein Handwerk versteht und nicht nur Sättel verkaufen will. Außerdem muss die Passform regelmäßig überprüft werden, denn ein neuer Sattel setzt sich und ein Pferd kann seine Rückenform verändern. Auch der Tierarzt kann hierzu anlässlich eines Hausbesuchs befragt werden. Beim arthrosekranken Pferd, das nur noch leicht gearbeitet werden kann, sollte auch der Sattel dem Zweck

Möglichkeiten der Vorbeugung

entsprechend ausfallen. Geeignet ist zum Beispiel ein Vielseitigkeitssattel, der den leichten Sitz mit einem veränderten Schwerpunkt des Reiters erlaubt und dem Rückenmuskel mehr Beweglichkeit gestattet. In vielen Fällen ist zu beobachten, dass die Sättel arthrosekranker Pferden schief sind. Das hängt damit zusammen, dass die normalen Bewegungsabläufe durch die eingeschränkte Funktion eines oder mehrerer Gelenke gestört sind, Schrittlängen einseitig verändert sind, Gliedmaßen in einer Schonhaltung bewegt werden. Diese Schiefe der Sättel verstärkt oft noch das zugrunde liegende Problem, da der Reiter dadurch schief hingesetzt und das Gewicht ungleichmäßig verteilt wird. Auch die jahrelange Benutzung eines Sattels durch den immer gleichen Reiter kann zu einer Schiefe führen, da die meisten Menschen nicht ganz gerade sitzen.

Einen schiefen Sattel kann ein guter Sattler wieder neu richten. Man muss aber damit rechnen, dass das arthrosekranke Pferd ihn durch seinen Bewegungsablauf wieder in die Schiefe bringt und muss ihn deshalb etwa halbjährlich kontrollieren lassen.

Ein wichtiges Ausrüstungsdetail ist die Aufsteighilfe. Sie schont den Sattel und entlastet Wirbelsäule und Beingelenke des Pferdes – das gilt auch für gesunde Pferde!

Gamaschen und Bandagen haben eher einen schützenden Effekt für die Oberfläche der Gliedmaßen, weniger für den Bewegungsapparat selbst. In Untersuchungen wurde festgestellt, dass die frei werdenden Kräfte, die zum Beispiel auf eine Sehne einwirken, so stark sind, dass auch kräftige Hartschalengamaschen auf sie keinen merklichen Einfluss haben.

Bezüglich der Trensen ist zu sagen: Weniger ist mehr! Weg mit Hilfszügeln aller Art, weg mit quälend engen Kinnriemen, am besten sogar weg mit den Nasenriemen! Eine einfache oder doppelt gebrochene Wassertrense ist vollkommen ausreichend für alles, was wir unserem jungen oder erkrankten Pferd mittels Zügelhilfen mitteilen müssen. Viele Gelenkschäden entstehen durch falsches Reiten, da sollten wir es doch wenigstens beim kranken Pferd besser machen – und vor allem beim neuen Pferd von Anfang an richtig! Zu diesem Thema gibt es bereits einige hervorragende Fachbücher, auf die ich im Anhang hinweisen möchte. Es würde den Rahmen dieses Buches sprengen, die Reiterfehler zu nennen, die ursächlich zu Arthrosebildungen beitragen können – es sind zu viele ...

Möglichkeiten der Vorbeugung

*Junge Pferde kann man vom Boden aus hervorragend auf die Arbeit unter dem Sattel vorbereiten, ohne die Gelenke zu früh zu belasten.
(Foto: Slawik)*

Das wichtigste Ausrüstungsdetail kommt zum Schluss: ein Paar gute Laufschuhe, die auch wirklich geländetauglich sind und vielleicht sogar die Knöchel schützen, an denen gern mal ein Pferdehuf entlangstreift. Sie werden sie brauchen, diese Laufschuhe, denn Sie werden in Zukunft sehr viel mit Ihrem Vierbeiner zu Fuß unterwegs sein. Das gibt Ihnen Gelegenheit, festzustellen, welche Strecken Ihr Pferd mit Ihnen und für Sie zurückgelegt hat, als es noch gesund war. Sie werden überrascht sein, welche Leistungen es für Sie vollbracht hat, und Sie werden ein ganz anderes Verhältnis zu Ihrem vierbeinigen Partner entwickeln.

Trainingsaufbau

Grundsätzlich richtet sich die Art des Trainings nach dem Alter des Pferdes. Ein Jahr Geduld bei der Ausbildung kann viele zusätzliche gesunde Jahre unter dem Sattel bedeuten. In früheren Jahrhunderten, ja

Möglichkeiten der Vorbeugung

sogar bis in die 1950er-Jahre hinein, war ein vier- bis fünfjähriges Pferd eine „junge Remonte", ein fünf- bis sechsjähriges eine „alte Remonte". Erst nach dem Ende des sechsten Lebensjahres war die Grundausbildung abgeschlossen und das Pferd für den Einsatz als Reitpferd alt genug. Von dieser Einstellung können unsere heutigen Jungpferde nur träumen. Leider fehlt vielen Menschen die Geduld und Einsicht, ihr junges Pferd wenigstens noch einmal für ein halbes oder ein Jahr auf die Koppel zu schicken, weil es körperlich und/oder seelisch noch nicht reif für die Ausbildung ist. Im professionellen Umfeld bedeutet es schlicht, bares Geld zu verschenken, wenn man ein Pferd nicht so früh wie eben möglich anreitet und Extremleistungen wie Verstärkungen und Sprünge fordert.

Als Besitzer eines jungen Pferdes sollten Sie dessen Reifezustand durch einen erfahrenen Pferdemann oder einen Tierarzt beurteilen lassen. Röntgenaufnahmen können herangezogen werden, um festzustellen, welche Wachstumsfugen schon geschlossen sind. In der „Warteschleife" können Sie bereits gut mit Handarbeit und Longentraining sowie Spaziergängen beginnen. Sie können Ihrem Pferd Stimmkommandos beibringen, die später unter dem Sattel sehr hilfreich sind, weil Ihr Pferd versteht, was es tun soll. Bei der Handarbeit ist Gelegenheit, das Pferd in Ruhe an das Gebiss zu gewöhnen, es Zügelhilfen kennenlernen zu lassen und die Dehnungshaltung zu üben. Die lebhafte Maultätigkeit, die Möglichkeit, das Maul überhaupt zu öffnen, da kein Kinnriemen es zusammenschnürt, kann höchst erfreulich und angstfrei für das Pferd vom Boden aus geübt werden. Das Öffnen des Mauls und das daraus resultierende Entspannen der Halsmuskulatur leiten die korrekte Dehnungshaltung mit Kräftigung der Rückenmuskulatur ein. Eine bessere Vorbereitung zum Reiten kann es nicht geben. Viel Lob und positive Verstärkung fördern die Bindung zwischen Ihnen und Ihrem Pferd – so werden Sie schon vor dem ersten Aufsitzen zu einem eingespielten Team.

Ist die Dehnungshaltung an der Hand gut erlernt und auf Kommando abrufbar, kann man sie auch an der Longe abfragen, dadurch den Muskelaufbau weiter intensivieren und das Untertreten der Hinterhand fördern. Dafür ist es unbedingt ratsam, ohne jegliche Hilfszügel zu longieren.

Bei jeder Arbeit, gleich ob an der Longe oder unter dem Sattel, muss immer zu Beginn eine ausgiebige Schrittphase von 10 bis 15 Minuten eingelegt werden. Diese Zeit braucht der Gelenkknorpel unbedingt, um zu durchsaften und elastisch zu werden. Dies gilt auch für Pferde, die von der Weide oder aus dem Auslauf kommen! Die dort ausgeführten Bewegungen ersetzen keinesfalls die konsequente Schrittphase zu Arbeitsbeginn. Fehlt dem Menschen dafür die Geduld, rächt sich das später mit Knorpelschäden und vorzeitigem Gelenkverschleiß. Fehlt dem jungen Pferd dafür die Geduld, so muss der Mensch einen kleinen Spaziergang einplanen oder diese Zeit im Schritt in der Halle führen. Durch kleine Gehorsamsübungen kann diese „langweilige" Schrittphase interessant gestaltet werden.

Ein Muskelaufbau an der Longe und an der Hand dauert mindestens drei bis vier Monate. Diese Zeit ist erforderlich, damit der Rücken des Pferdes überhaupt die muskuläre Tragkraft entwickeln kann, die für das schmerz- und angstfreie Tragen des Reitergewichts nötig ist.

Möglichkeiten der Vorbeugung

Wiederholte Phasen in Dehnungshaltung gehören zu einem systematischen, gelenkschonenden Training dazu. (Foto: Janßen)

Möglichkeiten der Vorbeugung

Andernfalls werden die schwachen Muskeln nach Minuten erschöpft sein und das Pferd trägt das Reitergewicht allein mit seiner Wirbelsäule! Es liegt auf der Hand, dass Erkrankungen wie „kissing spines" (aneinanderreibende, chronisch entzündete Dornfortsätze der Wirbelsäule) auf diese Weise mehr als begünstigt werden.

Eine Arbeitseinheit soll beim jungen Pferd 10 bis 20 Minuten nicht überschreiten, denn länger kann es sich nicht konzentrieren. Hinzu kommen zehn Minuten Schrittarbeit vorher sowie zehn Minuten im Arbeitstrab mit anschließendem Schritt zum Abkühlen zum Abschluss. Dieses ruhige Abkühlen darf nicht vergessen werden! Der Moment der Erschöpfung durch die Anstrengung darf nicht der Abschluss sein, der im Gedächtnis des Pferdes bleibt. Vielmehr soll die Entspannung und Erholung in der Dehnungsphase, zusammen mit dem Lob des Reiters, der abschließende positive Eindruck für das Pferd sein.

Über die Arbeit unter dem Sattel sind schon viele gute Bücher geschrieben worden. In meinen Augen ist wichtig: Sie soll angstfrei sein – dazu haben Sie durch die Bodenarbeit die Grundlage geschaffen. Sie soll schmerzfrei sein – dafür haben Sie die passende Ausrüstung besorgt und die Muskulatur trainiert. Und sie soll ohne Zwang verlaufen – dann wird Ihr Pferd Sie sein Leben lang freudig und gesund tragen.

Anhang

Literaturtipps

Jean-Marie Denoix, Jean-Pierre Pailloux:
Physiotherapie und Massage bei Pferden
Stuttgart: Ulmer, 2000

Gerd Heuschmann:
Finger in der Wunde
Schondorf: Wu Wei, 2006

Philippe Karl:
Irrwege der modernen Dressur
Brunsbek: Cadmos, 2006

Claudia Naujoks:
Homöopathie für mein Pferd
Brunsbek: Cadmos, 2006

Robert Stodulka:
Medizinische Reitlehre
Stuttgart: Parey, 2006

Cathy Tindall/Jaki Bell:
Shiatsu für Pferde
Brunsbek: Cadmos, 2006

Register

Adrenalin 20
Adspektion 25
Akupunktur, Akupressur .... 56 f.
Ankylose s. Versteifung des Gelenks
Antiphlogistika s. Entzündungshemmer
Arbeitseinheit 77
Arthoskopie s. Gelenkspiegelung
Arthritis 19
Arthrodese 48
Auflösung des Knochens 11
Aufzucht 15
Beugeprobe .... 31 f.
Boxenruhe 41
Chip 11, 19, 38, 47
Chiropraktik 58
Computertomografie 37
Einschuss 22
Entzündungshemmer 42
Ergänzungsfuttermittel 50, 68
Ernährung 61
Ernährung der Mutterstute 68
Erstbehandlung 41
Exostose s. Knochenzubildung
Exterieurmangel 67
Fettsäuren 51
Fibrinogen 19
Fohlen 15, 68
Freizeitreiter 25
Gallen 26
Gelenk, schematischer Aufbau 10
Gelenkflüssigkeit 10, 19
Gelenkkapsel 10, 26
Gelenkspiegelung .... 37 f., 47 f.
Gelenkspülung 47
Gesundes Gelenk 9
Glukosaminoglykane 50
Gymnastizierung 25
Haltungsbedingungen .... 61 ff.
Häufigkeit der Erkrankung 15
Homöopathie 56
Hufbeschlag .... 24, 49 f., 70
Hufrollenentzündung 12
Hyaluronsäure .... 11, 43 f.
Infektion 19
Inkongruente Gelenke 11
Jungpferd 15
Kalzium-Phosphor-Verhältnis 54
Kinesiotherapie 58
Klangbild 31
Knochenhautentzündung 19
Knochenzubildung 11, 26
Knorpelschicht 11
Kortison 42
Krankheitszeichen 25
Kühlung 41, 44
Lahmheitsanzeichen 25
Lahmheitsuntersuchung .... 29 ff.
Laserlichtbehandlung 45
Leistungssport 23
Leitungsanästhesie .... 32 f.
Longe 32
Magnetfeldtherapie 45
Magnetresonanztomografie 37
Nervenschnitt 49
Neurektomie s. Nervenschnitt
Offenstall 63, 69
Osteopathie 58
Osteosklerose s. Auflösung des Knochens
Palpation 25
Periostitis s. Knochenhautentzündung
Pflanzenheilkunde 53
Phlegmone s. Einschuss
Physikalische Therapien .... 44 ff.
Physiotherapie .... 57 f., 65
Prostaglandine 42
Radikalenfänger 52
Rassen 15
Rehabilitation 64
Röntgenuntersuchung 34
Sattelpassform .... 71 f.
Schale 48
Schmerzempfinden 28
Schmerzmittel 28
Schrittphase 75
Schwefel 53
Schweregrade von Lahmheiten .... 31 f.
Sedierung 34
Shiatsu 59
Spat 12
Stammzellen 47
Stellungsfehler 17, 23, 70
Stoßwellentherapie 46
Strahlentherapie 45
Stratum fibrosum 10
Stratum synoviale 10
Stress 20
Szintigrafie 36
Tierschutzgesetz 69
Trainingsaufbau .... 74 f.
Überdehnung 20
Überlastung 23
Untersuchungsverfahren 39
Vererbung 17
Versteifung des Gelenks 22, 48
Vorbeugung .... 66 ff.
Vorführen 30
Wärmebehandlung 45
Wärmebilddiagnostik 36
Weidegang 63
Zuchtauswahl 67
Zufallsbefund 39
Zügellahmheit 32
Zysten 11, 48

PFERDEBÜCHER

Anke Rüsbüldt

MEIN PFERD IST KRANK – WAS TUN?

Dieses unentbehrliche Handbuch informiert umfassend über die wichtigsten Krankheiten bei Pferden. Der Leser erfährt, wie er typische Symptome richtig einordnet, welche Schritte im Ernstfall einzuleiten sind und was man tun kann, um das eigene Pferd gesund zu erhalten.

144 Seiten
farbig, gebunden
ISBN 978-386127-454-4

€ 26,90 · € (A) 27,70 · CHF 47,10

Tindall/Bell
SHIATSU FÜR PFERDE

Dieses Buch führt in die grundlegenden Prinzipien und Techniken der faszinierenden Behandlungsmethode Shiatsu ein. Die ausführliche Darstellung wichtiger Handgriffe hilft dem Leser, sein Pferd wirkungsvoll zu behandeln. Die Beschreibung der Pferdetypen gemäß der Fünf-Elemente-Lehre ist nicht nur für die Shiatsu-Behandlung wichtig, sondern öffnet jedem Pferdemenschen zugleich neue Wege, um sein Tier noch besser verstehen zu können.

144 Seiten
farbig, gebunden
ISBN 978-386127-415-5

€ 29,90 · € (A) 30,80 · CHF 52,20

Lübker/Irgang
PFERDEFÜTTERUNG NACH MASS

Pferdehalter sind angesichts der angebotenen Futtermittelvielfalt oft verunsichert, was wirklich gut für ihr Pferd ist. Eine nicht angepasste Ernährung führt bei dem empfindlichen Lebewesen Pferd nicht selten zu schweren Erkrankungen. Dieses Buch bringt Ordnung in den Wirrwarr verschiedenster Informationen und leitet zu einer bedarfsgerechten Fütterung an, um das eigene Pferd gesund und leistungsfähig zu erhalten.

144 Seiten
farbig, gebunden
ISBN 978-386127-450-6

€ 29,90 · € (A) 30,80 · CHF 52,20

Claudia Naujoks
HOMÖOPATHIE FÜR MEIN PFERD

Dieses Buch gibt in übersichtlicher Form und auf der Grundlage fundierten Wissens Hilfestellungen für die homöopathische Behandlung von Pferden. Die Autorin legt dabei großen Wert auf die gründliche Diagnose und das Erkennen der Grenzen, die das Hinzuziehen eines ausgebildeten Tierheilpraktikers oder Tierarztes erfordern.

96 Seiten
farbig, gebunden
ISBN 978-386127-423-0

€ 14,90 · € (A) 15,40 · CHF 26,80

Oliver Hilberger
GYMNASTIZIERENDE ARBEIT AN DER HAND

Für die Dressurausbildung des Pferdes ist die klassische Arbeit an der Hand ein sehr wertvolles, leider jedoch oft unterschätztes und deshalb viel zu selten angewandtes Mittel. Dieses Buch führt Schritt für Schritt in die Grundlagen und ersten Lektionen ein, die auch dazu dienen, die spätere Arbeit unter dem Sattel und die Schulung in schwierigeren Übungen deutlich leichter gestalten zu können.

160 Seiten
farbig, gebunden
ISBN 978-386127-442-1

€ 19,90 · € (A) 20,50 · CHF 34,90

www.cadmos.de

Cadmos Verlag GmbH · Im Dorfe 11 · 22946 Brunsbek
Tel. 04107 8517-0 · Fax 04107 8517-12